"十三五"高等职业教育核心课程规划教材·机电大类

数控机床操作报告书

主　编　周信安　刘晓青
副主编　王坤峰　冯　锟　付斌利　申　鹏
参　编　魏同学　张立昌　刘慧茹　张晨亮　杨　柳　李　林
主　审　修学强　王艳红

U0303981

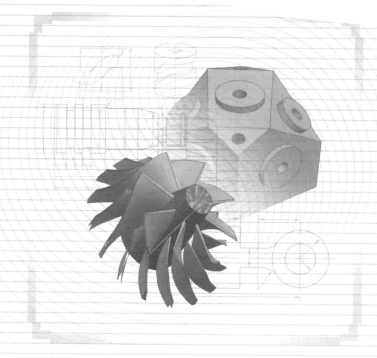

西安交通大学出版社
XI'AN JIAOTONG UNIVERSITY PRESS

内容简介

本书以"基于工作过程"为导向,采用项目教学法,结合《数控机床操作》教材,以任务驱动为核心强化学生对知识和技能的掌握。书中主要内容包括:数控车床、数控铣床(加工中心)、五轴机床、线切割机床、电火花机床、三坐标测量仪的基本知识、基本操作、数控机床操作加工实训的考核标准、数控机床操作加工实训总结等内容,以典型零件作为强化练习加以说明。

本书可作为高等职业院校数控技术、机械制造与自动化、模具设计与制造及机电一体化专业用书,也可作为与之相近专业师生及相关工程技术人员参考用书。

图书在版编目(CIP)数据

数控机床操作报告书/周信安,刘晓青主编.—西安:西安交通大学出版社,2017.8(2024.1 重印)
ISBN 978-7-5693-0035-2

Ⅰ.①数… Ⅱ.①周…②刘… Ⅲ.①数控机床-操作-高等职业教育-教学 Ⅳ.①TG659

中国版本图书馆 CIP 数据核字(2017)第 208346 号

书 名	数控机床操作报告书
主 编	周信安 刘晓青
责任编辑	雷萧屹

出版发行	西安交通大学出版社
	(西安市兴庆南路 1 号 邮政编码 710048)
网 址	http://www.xjtupress.com
电 话	(029)82668357 82667874(市场营销中心)
	(029)82668315(总编办)
传 真	(029)82668280
印 刷	陕西奇彩印务有限责任公司
开 本	787mm×1092mm 1/16 印张 11.5 字数 276 千字
版次印次	2017 年 8 月第 1 版 2024 年 1 月第 10 次印刷
书 号	ISBN 978-7-5693-0035-2
定 价	29.00 元

如发现印装质量问题,请与本社市场营销中心联系。
订购热线:(029)82665248 (029)82667874 投稿 QQ:850905347

版权所有 侵权必究

前　言

本书是针对高职高专院校机械类专业编写的理论与实践一体化教材,落实"教、学、做"于一体,在"做中学、做中教",保证实训技能与企业实际相符。本书是《数控机床操作》的配套用书。本书突出"实用为主,够用为度",参考数控加工工艺与编程操作教程、数控职业技能鉴定实训教程、数控机床编程与操作实训教程、数控机床刀具资料等书籍,经过反复实践与总结编写而成。

本书根据高等职业教育培养生产一线的高素质劳动者和中高级专门人才的要求,对数控机床的编程、操作知识进行了整体优化,着重对《数控机床操作》教材中的内容进行补充和完善,通过学习本书的内容,可强化对数控机床程序编制、工艺安排以及加工调试的能力。

本书建立了一套以工作过程为导向,以项目教学为体系,以大量的实践为主的方法,培养学生的实践动手能力,书中主要内容包括:数控车床、数控铣床(加工中心)、五轴机床、线切割机床、电火花机床、三坐标测量仪的基本知识、基本操作、数控加工实训的考核标准、数控加工实训总结等内容,以典型零件作为强化练习加以说明。本书知识点实用性和技能操作性强,并配套数控加工实训以任务驱动为核心强化学生对知识和技能的掌握。

本书由陕西国防工业职业技术学院周信安、刘晓青担任主编,陕西国防工业职业技术学院王坤峰、冯锟、付斌利、申鹏担任副主编,西安工程大学魏同学、张立昌、焦作市技师学院刘慧茹、陕西国防工业职业技术学院张晨亮、杨柳、李林参与编写。全书由周信安、刘晓青统稿,陕西国防工业职业技术学院修学强、西安钧诚精密制造有限公司王艳红主审。

为了学生更好的学习和教师更好的教学,西安钧诚精密制造有限公司王艳红对教材的编出提供了许多宝贵建议和企业实际案例,丰富了项目资源,使得本教材的知识点和技能点与实际生产中岗位技能点更加统一,在此表示衷心的感谢。

由于编者的水平和经验所限,书中难免存在不妥和错误,恳请读者批评指正。

编　者
2017 年 6 月

目　录

第1篇　数控车床

项目一　数控车床基本知识

1.1　任务单

适用专业：数控、机制、模具、机电等机械相关专业			使用班级		
任务名称：数控车床基本知识			任务编号		
班级		姓名	组别	日期	

一、任务描述

1. 了解数控实训中心的规章制度及数控车床操作规程。

2. 了解数控车床相关知识及维护保养。

3. 掌握数控车床的基本操作及工量具的使用方法。

二、相关资料及资源

相关资料：

1. 教材《数控机床操作》。

2. 教学课件。

相关资源：

1. 数控车床。

2. 教学课件。

三、注意事项

1. 注意观察数控车床的结构和工作原理。

2. 注意掌握数控车床的各键功能和操作方法。

3. 注意安全文明操作。

4. 遇到问题时小组进行讨论，老师可以参与讨论，通过团队合作使问题得到解决。

5. 注意对数控车床的日常维护和保养。

6. 培养学生遵守 7S 相关规定。

1.2 引导文

适用专业:数控、机制、模具、机电等机械相关专业				使用班级			
任务名称:数控车床基本知识				任务编号			
班 级		姓 名		组 别		日 期	

一、明确任务目的

1. 熟悉数控车床的操作规程。
2. 了解实训的数控机床所采用的数控系统功能。
3. 熟悉数控车床的操作面板、控制面板和软键功能,能够进行简单的手动操作。
4. 掌握数控车床基本操作。
5. 熟悉数控车床的日常维护和保养。
6. 遵守 7S 现场管理的相关规定。

二、引导问题

1. 开机后为什么要回参考点?

2. 机床润滑保养是否有必要?具体措施有哪些?

3. 简述程序建立和删除步骤。

1.3 职业素养评分表

项目名称			日　期			
姓　　名			组　号			
考核项目		考核内容	自我评价（×10%）	班组评价（×30%）	教师评价（×60%）	得分
职业素养	纪律（20分）	认真学习，不迟到早退，服从安排，违反一项扣1~3分				
	安全文明生产（20分）	安全着装，按要求操作机床，违反一项扣1~3分				
	职业规范（20分）	爱护设备、量具，实训中工具、量具、刀具摆放整齐，机床加油、清洁。违反一项扣1~3分				
	现场要求（20分）	不玩手机，不大声喧哗，不打闹，课后清扫地面、设备，清理现场。违反一项扣1~3分				
	任务掌握（20分）	对任务进行认知考核，错误一次扣1~3分				
	人伤械损事故	若出现人伤械损事故，整个项目成绩记0分				
总　　分						
备　注（现场未尽事项记录）						
教师签字			学生签字			

项目二　数控车床对刀操作

2.1　任务单

适用专业:数控、机制、模具、机电等机械相关专业				使用班级	
任务名称:数控车床对刀操作				任务编号	
班级		姓名		组别		日期	

一、任务描述

1. 熟练掌握数控车床的刀具和工件的装夹。

2. 能够独立对刀,进行参数计算以及半径补偿参数的设置和验证。

3. 能够熟练地进行程序输入、编辑以及自动加工等操作。

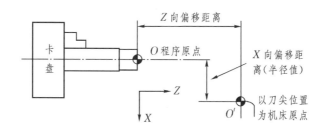

图 1-2-1　数控车床对刀原理

二、相关资料及资源

相关资料:

1. 教材《数控机床操作》。

2. 教学课件。

相关资源:

1. 数控车床。

2. 教学课件。

三、注意事项

1. 注意对刀前必须确定机床已经回过参考点以及机床无任何报警。

2. 注意不管是用寻边器对刀,还是用车刀直接对刀,都必须注意寻边器或车刀在退出时的移动方向,一旦移错方向,就有可能切废工件、折断车刀或将寻边器损坏。

3. 注意安全文明操作。

4. 注意对刀参数一定要准确输入,确保对刀准确。

5. 遇到问题时小组进行讨论,老师可以参与讨论,通过团队合作使问题得到解决。

6. 注意对数控车床的日常维护和保养。

7. 培养学生遵守7S相关规定。

2.2 引导文

适用专业:数控、机制、模具、机电等机械相关专业			使用班级	
任务名称:数控车床对刀操作			任务编号	
班 级	姓 名	组 别		日 期

一、明确任务目的

1. 熟悉数控车床的工件安装方法。
2. 了解数控车床常用刀具的选用及使用方法。
3. 掌握数控车床的对刀方法及步骤。
4. 了解常用量具的选择和使用方法。
5. 遵守 7S 现场管理的相关规定。

二、引导问题

1. 为什么要进行对刀操作?

2. 车床加工零件常用的装夹方式有哪几种?

3. 简述对刀操作步骤。

2.3 职业素养评分表

项目名称			日 期	
姓 名			组 号	

	考核项目	考核内容	自我评价 （×10%）	班组评价 （×30%）	教师评价 （×60%）	得 分
职业素养	纪律 （20分）	认真学习，不迟到早退，服从安排，违反一项扣1～3分				
	安全文明生产 （20分）	安全着装，按要求操作机床，违反一项扣1～3分				
	职业规范 （20分）	爱护设备、量具，实训中工具、量具、刀具摆放整齐，机床加油、清洁。违反一项扣1～3分				
	现场要求 （20分）	不玩手机，不大声喧哗，不打闹，课后清扫地面、设备，清理现场。违反一项扣1～3分				
	对刀操作考核 （20分）	在规定时间内准确完成对刀操作，根据现场情况扣分				
	人伤械损事故	若出现人伤械损事故，整个项目成绩记0分				
		总 分				
备 注 （现场未尽事项记录）						
教师签字			学生签字			

项目三 轴类零件加工

3.1 任务单

适用专业:数控、机制、模具、机电等机械相关专业		使用班级	
任务名称:轴类零件加工		任务编号	
班 级	姓 名	组 别	日 期

一、任务描述

1. 按照图 1-3-1 完成此工序的各项工作(选择刀具、零件装夹方式),毛坯尺寸 $\phi25\text{mm}\times82\text{mm}$。

2. 按照图 1-3-1 完成编制车削加工工序的各项工作(建立工件坐标系、计算节点坐标、绘图、选择切削用量、设置切削参数、编制程序、输入程序)。

3. 按照图 1-3-1 依次完成车削加工的各项工作(操作数控车床、安装调整车刀、安装校正零件、对刀操作、首件试切、检测零件、调试加工程序等)。

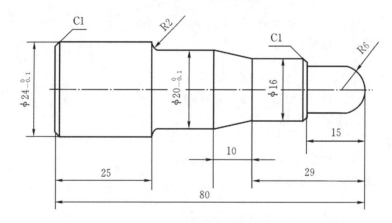

图 1-3-1 轴类零件加工图

二、相关资料及资源

相关资料:

1. 教材《数控机床操作》。

2. 教学课件。

相关资源:

1. 数控车床、各种刀具、量具。

2. 教学课件。

3. 阅 3.2 引导文。

三、注意事项

1. 注意加工时应选择正确的站位和操作手势,密切注意加工情况,随时准备处理突发情况。

2. 注意调整进给倍率修调开关和主轴倍率开关,提高工件表面质量。

3. 注意车削加工后,需用锉刀或油石去除毛刺。

4. 遇到问题时小组进行讨论,老师可以参与讨论,通过团队合作使问题得到解决。

5. 培养学生遵守 7S 相关规定。

3.2　引导文

适用专业:数控、机制、模具、机电等机械相关专业		使用班级	
任务名称:轴类零件加工		任务编号	
班　级	姓　名	组　别	日　期

一、明确任务目的

1. 了解和掌握轴类零件结构编程的基本结构。

2. 能合理地选择切削用量。

3. 掌握各种轴类零件加工方法。

4. 正确使用量具测量工件。

5. 遵守 7S 现场管理的相关规定。

二、引导问题

1. 在加工过程中遇到哪些问题以及如何解决这些问题?

2. 试分析所加工零件误差产生的原因及消除办法。

3.3　轴加工程序单

3.4 职业素养评分表

项目名称				日　期		
姓　　名				组　号		

	考核项目	考核内容	自我评价（×10％）	班组评价（×30％）	教师评价（×60％）	得分
职业素养	纪律（20分）	认真学习,不迟到早退,服从安排,违反一项扣1～3分				
	安全文明生产（20分）	安全着装,按要求操作机床,违反一项扣1～3分				
	职业规范（20分）	爱护设备、量具,实训中工具、量具、刀具摆放整齐,机床加油、清洁。违反一项扣1～3分				
	现场要求（20分）	不玩手机,不大声喧哗,不打闹,课后清扫地面、设备,清理现场。违反一项扣1～3分				
	工件加工考核（20分）	在规定时间内完成工件的加工,根据现场情况扣分				
	人伤械损事故	若出现人伤械损事故,整个项目成绩记0分				
总　　分						
备　注（现场未尽事项记录）						
教师签字				学生签字		

3.5 零件检测评分表

零件名称		工件编号		
零件图	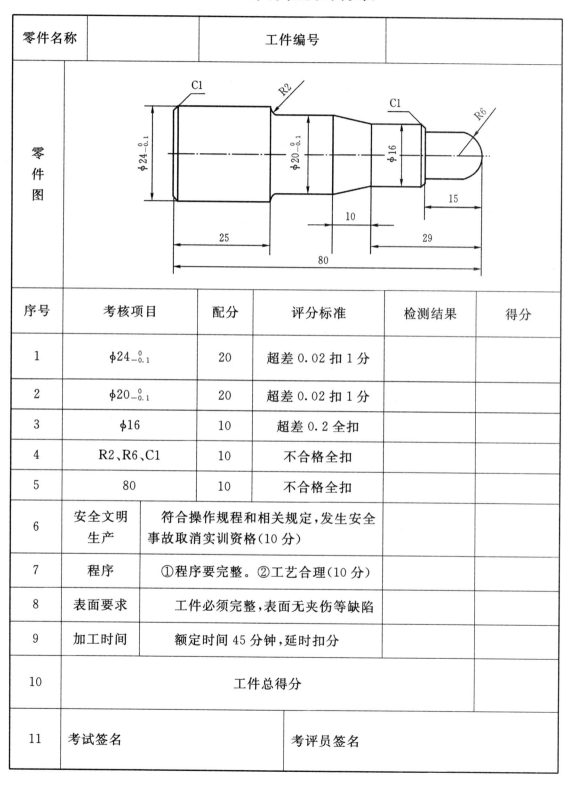			

序号	考核项目	配分	评分标准	检测结果	得分
1	$\phi 24_{-0.1}^{0}$	20	超差 0.02 扣 1 分		
2	$\phi 20_{-0.1}^{0}$	20	超差 0.02 扣 1 分		
3	$\phi 16$	10	超差 0.2 全扣		
4	R2、R6、C1	10	不合格全扣		
5	80	10	不合格全扣		
6	安全文明生产	符合操作规程和相关规定,发生安全事故取消实训资格(10分)			
7	程序	①程序要完整。②工艺合理(10分)			
8	表面要求	工件必须完整,表面无夹伤等缺陷			
9	加工时间	额定时间45分钟,延时扣分			
10	工件总得分				
11	考试签名		考评员签名		

项目四　槽类零件加工

4.1　任务单

适用专业:数控、机制、模具、机电等机械相关专业			使用班级	
任务名称:槽类零件加工			任务编号	
班　级	姓　名	组　别	日　期	

一、任务描述

1. 加工如图1-4-1所示零件,数量1件,毛坯为项目三加工成型的零件。

2. 要求学生通过该任务实训,了解切槽刀的几何形状,掌握外圆槽的加工方法。

3. 填写加工工序卡片并完成程序编制,能够按图1-4-1技术要求独立完成槽的加工。

4. 使用量具检测所加工零件是否合格。

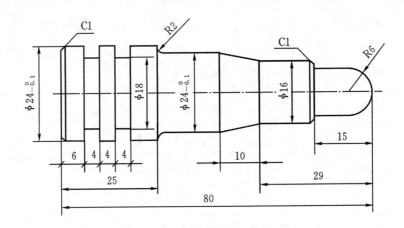

图1-4-1　槽类零件加工图

二、相关资料及资源

相关资料:

1. 教材《数控机床操作》。

2. 教学课件。

相关资源:

1. 数控车床、各种刀具、量具。

2. 教学课件。

3. 阅4.2引导文。

三、注意事项

1. 了解车槽刀的几何形状与角度要求。
2. 注意槽加工时的切削参数。
3. 掌握在加工外圆沟槽和切断时的车削方法。
4. 遇到问题时小组进行讨论,老师可以参与讨论,通过团队合作使问题得到解决。
5. 培养学生遵守 7S 相关规定。

4.2 引导文

适用专业:数控、机制、模具、机电等机械相关专业			使用班级	
任务名称:槽类零件加工			任务编号	
班级	姓名	组别	日期	

一、明确任务目的

1. 了解和掌握槽类零件结构编程的基本结构。
2. 能合理地选择切削用量。
3. 掌握外圆沟槽零件加工方法。
4. 正确使用量具测量工件。
5. 遵守7S现场管理的相关规定。

二、引导问题

1. 数控车床加工槽时的切削用量如何选择?

2. 阐述槽的加工方法和编程指令都有哪些?

4.3 槽加工程序单

4.4 职业素养评分表

项目名称			日　　期		
姓　　名			组　　号		

	考核项目	考核内容	自我评价（×10％）	班组评价（×30％）	教师评价（×60％）	得　分
职业素养	纪律（20分）	认真学习,不迟到早退,服从安排,违反一项扣1~3分				
	安全文明生产（20分）	安全着装,按要求操作机床,违反一项扣1~3分				
	职业规范（20分）	爱护设备、量具,实训中工具、量具、刀具摆放整齐,机床加油、清洁。违反一项扣1~3分				
	现场要求（20分）	不玩手机,不大声喧哗,不打闹,课后清扫地面、设备,清理现场。违反一项扣1~3分				
	工件加工考核（20分）	在规定时间内完成工件的加工,根据现场情况加分				
	人伤械损事故	若出现人伤械损事故,整个项目成绩记0分				
总　分						
备　注（现场未尽事项记录）						
教师签字			学生签字			

4.5 零件检测评分表

零件名称		工件编号	
零件图	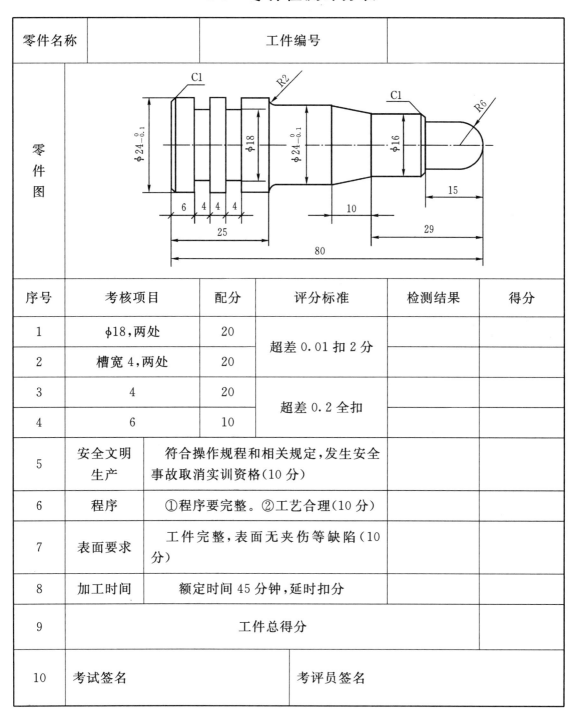		

序号	考核项目	配分	评分标准	检测结果	得分
1	φ18,两处	20	超差 0.01 扣 2 分		
2	槽宽 4,两处	20			
3	4	20	超差 0.2 全扣		
4	6	10			
5	安全文明生产	符合操作规程和相关规定,发生安全事故取消实训资格(10 分)			
6	程序	①程序要完整。②工艺合理(10 分)			
7	表面要求	工件完整,表面无夹伤等缺陷(10分)			
8	加工时间	额定时间 45 分钟,延时扣分			
9	工件总得分				
10	考试签名		考评员签名		

项目五　螺纹零件加工

5.1　任务单

适用专业：数控、机制、模具、机电等机械相关专业		使用班级	
任务名称：螺纹零件加工		任务编号	
班级	姓名	组别	日期

一、任务描述

1. 加工如图 1-5-1 所示零件，数量 1 件，毛坯为项目四加工成型的零件。

2. 要求学生通过该任务实训，了解螺纹的种类和用途，掌握普通三角形螺纹基本参数的计算。

3. 填写加工工序卡片和程序编制，能够按图 1-5-1 技术要求独立完成外三角形螺纹的加工。

4. 掌握螺纹环规检测螺纹的方法。

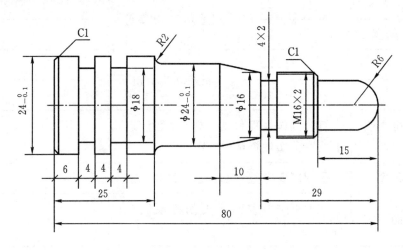

图 1-5-1　螺纹零件加工图

二、相关资料及资源

相关资料：

1. 教材《数控机床操作》。

2. 教学课件。

相关资源：

1. 数控车床、各种刀具、量具。

2. 教学课件。

3. 阅 5.2 引导文。

三、注意事项

1. 掌握外三角形螺纹的加工方法和检测方法。

2. 能独立解决加工外三角形螺纹时出现的问题。

3. 注意车削加工后,需用锉刀或油石去除毛刺。

4. 遇到问题时小组进行讨论,老师可以参与讨论,通过团队合作使问题得到解决。

5. 培养学生遵守 7S 相关规定。

5.2 引导文

适用专业:数控、机制、模具、机电等机械相关专业			使用班级	
任务名称:螺纹零件加工			任务编号	
班 级		姓 名	组 别	日 期

一、明确任务目的

1. 了解和掌握三角形螺纹编程的基本结构。
2. 了解三角形螺纹的规格、代号及表示方法。
3. 掌握三角形螺纹的加工方法。
4. 正确使用螺纹量具测量螺纹。
5. 遵守 7S 现场管理的相关规定。

二、引导问题

1. 螺纹的种类有哪些?

2. 加工螺纹时的编程方式有哪几种?

5.3 螺纹零件加工程序单

5.4 职业素养评分表

项目名称				日　　期		
姓　　名				组　　号		

	考核项目	考核内容	自我评价（×10％）	班组评价（×30％）	教师评价（×60％）	得　分
职业素养	纪律（20分）	认真学习,不迟到早退,服从安排,违反一项扣1~3分				
	安全文明生产（20分）	安全着装,按要求操作机床,违反一项扣1~3分				
	职业规范（20分）	爱护设备、量具,实训中工具、量具、刀具摆放整齐,机床加油、清洁。违反一项扣1~3分				
	现场要求（20分）	不玩手机,不大声喧哗,不打闹,课后清扫地面、设备,清理现场。违反一项扣1~3分				
	工件加工考核（20分）	在规定时间内完成工件的加工,根据现场情况扣分				
	人伤械损事故	若出现人伤械损事故,整个项目成绩记0分				
总　　分						

备　注（现场未尽事项记录）	
教师签字	学生签字

5.5 零件检测评分表

零件名称		工件编号		
零件图	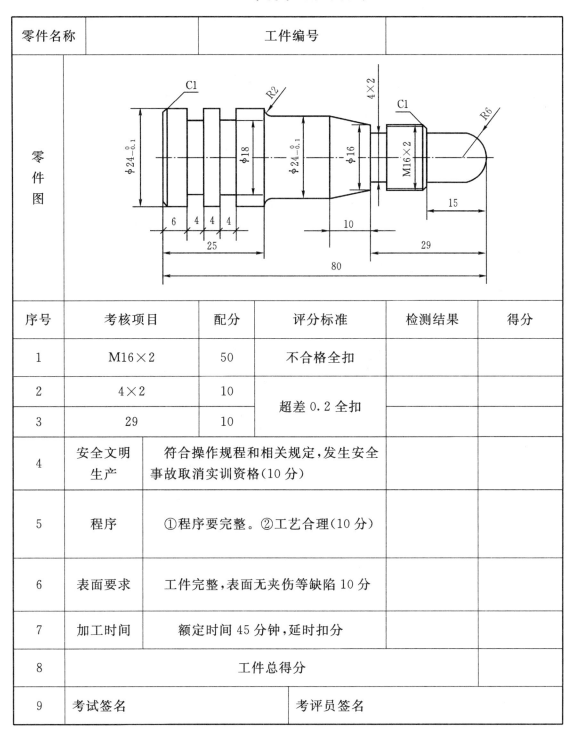			
序号	考核项目	配分	评分标准	检测结果	得分
1	M16×2	50	不合格全扣		
2	4×2	10	超差0.2全扣		
3	29	10			
4	安全文明生产		符合操作规程和相关规定,发生安全事故取消实训资格(10分)		
5	程序		①程序要完整。②工艺合理(10分)		
6	表面要求		工件完整,表面无夹伤等缺陷10分		
7	加工时间		额定时间45分钟,延时扣分		
8		工件总得分			
9	考试签名		考评员签名		

项目六　套类零件加工

6.1　任务单

适用专业：数控、机制、模具、机电等机械相关专业			使用班级	
任务名称：套类零件的加工			任务编号	
班　级	姓　名	组　别	日　期	

一、任务描述

1. 加工如图 1-6-1 所示零件，数量 1 件，毛坯尺寸 $\phi35\text{mm}\times62\text{mm}$。

2. 要求学生通过该任务实训，了解麻花钻的用法，掌握台阶孔、平底孔、内圆槽和内螺纹的加工方法。

3. 填写加工工序卡片和程序编制，能够按图 1-6-1 技术要求独立完成零件的加工。

4. 掌握套类零件的检测方法。

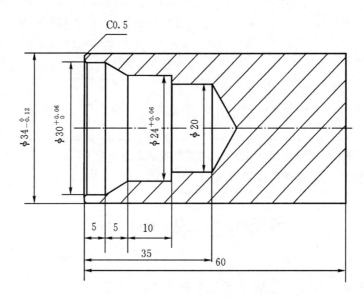

图 1-6-1　套类零件加工图

二、相关资料及资源

相关资料：

1. 教材《数控机床操作》。

2. 教学课件。

相关资源：

1. 数控车床、各种刀具、量具。

2. 教学课件。

3. 阅 6.2 引导文。

三、注意事项

1. 掌握镗孔刀、内槽刀、内螺纹刀的选择和使用方法。

2. 掌握钻孔、台阶孔、内圆槽、内螺纹的加工方法。

3. 掌握套类零件的检测方法。

4. 注意车削加工后，需用锉刀或油石去除毛刺。

5. 遇到问题时小组进行讨论，老师可以参与讨论，通过团队合作使问题得到解决。

6. 培养学生遵守 7S 相关规定。

6.2　引导文

适用专业:数控、机制、模具、机电等机械相关专业			使用班级	
任务名称:数控车床基本知识			任务编号	
班级	姓名	组别	日期	

一、明确任务目的

1. 能够掌握套类零件编程,并巩固套类零件的加工编程方法。
2. 能对套类零件进行数控加工工艺分析、设计。
3. 学习并掌握数控车削加工套类零件的方法。
4. 掌握套类零件的检测方法。
5. 遵守 7S 现场管理的相关规定。

二、引导问题

1. 麻花钻在数控车床上的装夹方式及使用方法?

2. 简述套类零件和轴类零件在加工时有何不同?

6.3 套类零件加工程序单

6.4 职业素养评分表

项目名称			日　期	
姓　　名			组　号	

	考核项目	考核内容	自我评价 （×10％）	班组评价 （×30％）	教师评价 （×60％）	得分
职业素养	纪律 （20分）	认真学习，不迟到早退，服从安排，违反一项扣1～3分				
	安全文明生产 （20分）	安全着装，按要求操作机床，违反一项扣1～3分				
	职业规范 （20分）	爱护设备、量具，实训中工具、量具、刀具摆放整齐，机床加油、清洁。违反一项扣1～3分				
	现场要求 （20分）	不玩手机，不大声喧哗，不打闹，课后清扫地面、设备，清理现场。违反一项扣1～3分				
	工件加工考核 （20分）	在规定时间内完成工件的加工，根据现场情况扣分				
	人伤械损事故	若出现人伤械损事故，整个项目成绩记0分				
	总　分					
备　注 （现场未尽事项记录）						
教师签字			学生签字			

6.5 零件检测评分表

零件名称		工件编号		

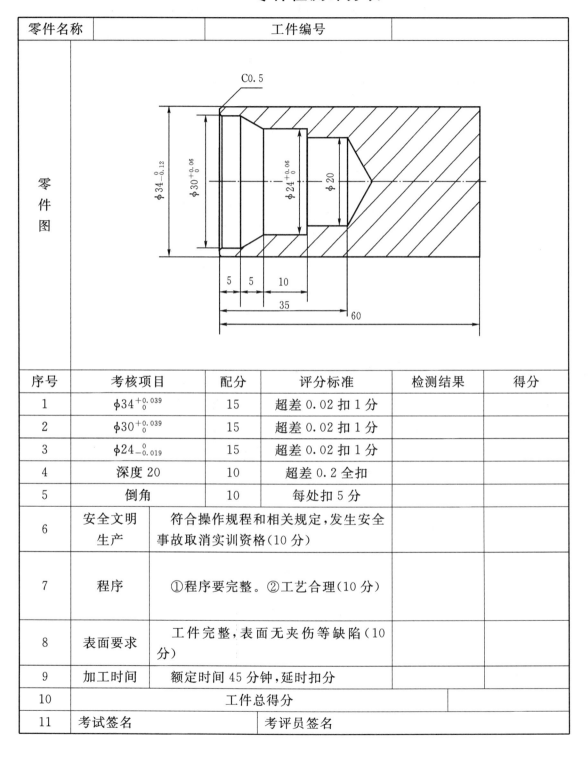

序号	考核项目	配分	评分标准	检测结果	得分
1	$\phi 34^{+0.039}_{0}$	15	超差 0.02 扣 1 分		
2	$\phi 30^{+0.039}_{0}$	15	超差 0.02 扣 1 分		
3	$\phi 24^{0}_{-0.019}$	15	超差 0.02 扣 1 分		
4	深度 20	10	超差 0.2 全扣		
5	倒角	10	每处扣 5 分		
6	安全文明生产		符合操作规程和相关规定,发生安全事故取消实训资格(10 分)		
7	程序		①程序要完整。②工艺合理(10 分)		
8	表面要求		工件完整,表面无夹伤等缺陷(10 分)		
9	加工时间		额定时间 45 分钟,延时扣分		
10	工件总得分				
11	考试签名		考评员签名		

项目七 综合零件加工

7.1 任务单

适用专业:数控、机制、模具、机电等机械相关专业			使用班级	
任务名称:综合零件加工			任务编号	
班 级	姓 名	组 别	日 期	

一、任务描述

1. 加工如图1-7-1所示零件,数量1件,毛坯为项目六工件。

2. 要求学生通过该任务实训,了解综合零件的加工方法。

3. 填写加工工序卡片和程序编制,能够按图1-7-1技术要求独立完成零件的加工。

4. 掌握综合零件的检测方法。

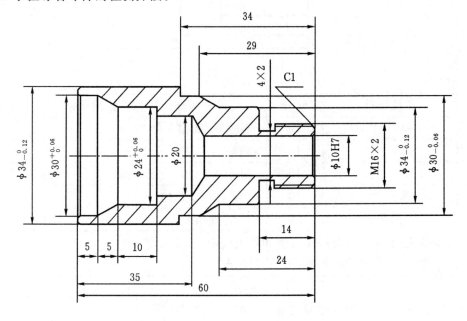

图1-7-1 综合零件加工图

二、相关资料及资源

相关资料:

1. 教材《数控机床操作》。

2. 教学课件。

相关资源：

1. 数控车床、各种刀具、量具。

2. 教学课件。

3. 阅 7.2 引导文。

三、注意事项

1. 掌握综合零件的数控加工工艺，合理选择刀具、夹具和量具。

2. 掌握综合零件的加工方法。

3. 掌握综合零件的检测方法。

4. 注意车削加工后，需用锉刀或油石去除毛刺。

5. 遇到问题时小组进行讨论，老师可以参与讨论，通过团队合作使问题得到解决。

6. 培养学生遵守 7S 相关规定。

7.2 引导文

适用专业:数控、机制、模具、机电等机械相关专业			使用班级	
任务名称:综合零件加工			任务编号	
班 级	姓 名	组 别	日 期	

一、明确任务目的

1. 能够掌握套类零件编程,并巩固套类零件的加工编程方法。

2. 能对综合零件进行数控加工工艺分析、设计。

3. 学习并掌握数控车削加工综合零件的方法。

4. 掌握综合零件的检测方法。

5. 遵守 7S 现场管理的相关规定。

二、引导问题

1. 在加工过程中遇到那些问题以及如何解决这些问题?

2. 试分析所加工零件误差产生的原因及消除办法。

7.3 综合零件加工程序单

7.4 职业素养评分表

项目名称			日 期			
姓 名			组 号			

	考核项目	考核内容	自我评价（×10%）	班组评价（×30%）	教师评价（×60%）	得分
职业素养	纪律（20分）	认真学习,不迟到早退,服从安排,违反一项扣1~3分				
	安全文明生产（20分）	安全着装,按要求操作机床,违反一项扣1~3分				
	职业规范（20分）	爱护设备、量具,实训中工具、量具、刀具摆放整齐,机床加油、清洁。违反一项扣1~3分				
	现场要求（20分）	不玩手机,不大声喧哗,不打闹,课后清扫地面、设备,清理现场。违反一项扣1~3分				
	工件加工考核（20分）	在规定时间内完成工件的加工,根据现场情况扣分				
	人伤械损事故	若出现人伤械损事故,整个项目成绩记0分				
		总 分				
备 注（现场未尽事项记录）						
教师签字			学生签字			

7.5 零件检测评分表

零件名称			工件编号		
零件图	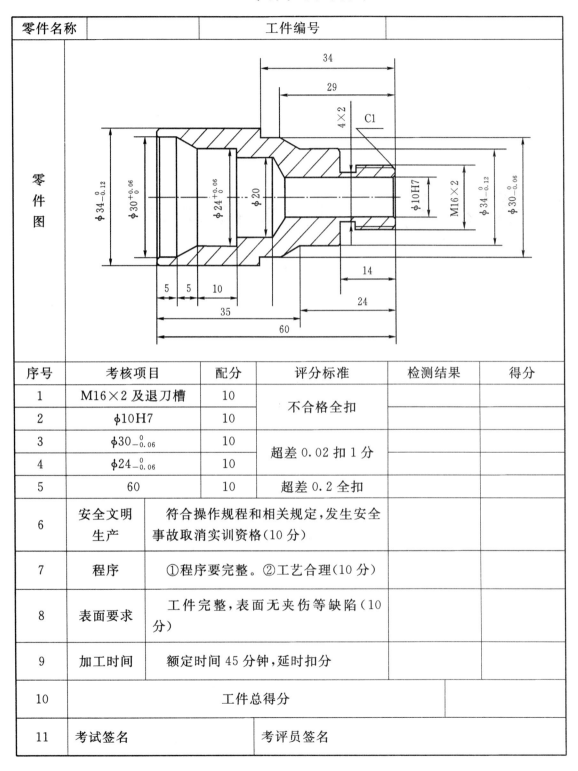				

序号	考核项目	配分	评分标准	检测结果	得分
1	M16×2 及退刀槽	10	不合格全扣		
2	$\phi10H7$	10			
3	$\phi30_{-0.06}^{0}$	10	超差 0.02 扣 1 分		
4	$\phi24_{-0.06}^{0}$	10			
5	60	10	超差 0.2 全扣		
6	安全文明生产		符合操作规程和相关规定,发生安全事故取消实训资格(10分)		
7	程序		①程序要完整。②工艺合理(10分)		
8	表面要求		工件完整,表面无夹伤等缺陷(10分)		
9	加工时间		额定时间 45 分钟,延时扣分		
10			工件总得分		
11	考试签名		考评员签名		

第2篇 数控铣床/加工中心

项目一　数控铣床/加工中心基本知识

1.1　任务单

适用专业:数控、机制、模具、机电等机械相关专业			使用班级			
任务名称:数控铣床/加工中心基本知识			任务编号			
班　级		姓　名		组　别	日　期	

一、任务描述

1. 了解数控实训中心的规章制度及铣床/加工中心操作规程。

2. 了解数控铣床/加工中心相关知识及维护保养。

3. 掌握数控铣床/加工中心的基本操作及工量具的使用方法。

图 2-1-1　XD-40数控铣床

二、相关资料及资源

相关资料:

1. 教材《数控机床操作》。

2. 教学课件。

相关资源:

1. 数控铣床/加工中心。

2. 教学课件。

三、任务实施说明

1. 学生分组，每小组 3～5 人。
2. 小组进行任务分析。
3. 查阅资料。
4. 现场教学。
5. 小组讨论数控铣床/加工中心操作时应注意的安全事项及任务的重点难点。
6. 小组合作，进行数控铣床/加工中心操作讲解练习，小组成员补充优化。
7. 角色扮演，分小组进行讲解演示。
8. 完成数控铣床/加工中心基本操作及引导文相关内容的填写。

四、注意事项

1. 注意观察数控铣床/加工中心的结构和工作原理。
2. 注意掌握数控铣床/加工中心的各键功能和操作方法。
3. 注意安全文明操作。
4. 遇到问题时小组进行讨论，老师可以参与讨论，通过团队合作使问题得到解决。
5. 注意对数控铣床/加工中心的日常维护和保养。
6. 培养学生遵守 7S 相关规定。

五、知识拓展

1. 通过查找资料等方式，了解数控铣床的种类、加工范围以及发展现状。
2. 查阅资料，了解除数控铣床/加工中心以外的其他数控设备。

任务下发人：

日期： 年 月 日

任务执行人：

日期： 年 月 日

1.2 引导文

适用专业：数控、机制、模具、机电等机械相关专业				使用班级			
任务名称：数控铣床/加工中心基本知识				任务编号			
班 级		姓 名		组 别		日 期	

一、明确任务目的

1. 熟悉数控铣床/加工中心的操作规程。

2. 了解实训的数控铣床/加工中心所采用的数控系统功能。

3. 熟悉数控铣床/加工中心的操作面板、控制面板和软键功能，能够进行简单的手动操作。

4. 掌握数控铣床/加工中心基本操作。

5. 熟悉数控铣床/加工中心的日常维护和保养。

6. 遵守 7S 现场管理的相关规定。

二、引导问题

1. 开机后为什么要回参考点？

2. 简述对安全文明生产的认识情况。

3. 机床润滑保养是否有必要？具体措施有哪些？

4. 简述程序建立和删除步骤。

三、引导任务实施

1. 根据 1.1 任务单简述数控铣床/加工中心各按键的功能。

2. 掌握数控铣床/加工中心的基本操作方法。

3. 熟悉数控铣床/加工中心的操作规程及日常维护保养。

4. 常见故障报警有哪些？如何解决？

四、评价

小组讨论设计本小组的学习评价表，相互评价，最后给出小组成员的得分：
任务学习的其他说明或建议：
指导老师评语：
任务执行人签字： 日期：　年　月　日
指导老师签字： 日期：　年　月　日

1.3 职业素养评分表

项目名称			日　期		
姓　　名			组　号		

考核项目		考核内容	自我评价（×10%）	班组评价（×30%）	教师评价（×60%）	得　分
职业素养	纪律（20分）	认真学习，不迟到早退，服从安排，违反一项扣1～3分				
	安全文明生产（20分）	安全着装，按要求操作机床，违反一项扣1～3分				
	职业规范（20分）	爱护设备、量具，实训中工具、量具、刀具摆放整齐，机床加油、清洁。违反一项扣1～3分				
	现场要求（20分）	不玩手机，不大声喧哗，不打闹，课后清扫地面、设备，清理现场。违反一项扣1～3分				
	任务掌握（20分）	对任务进行认知考核，错误一次扣1～3分				
	人伤械损事故	若出现人伤械损事故，整个项目成绩记0分				
总　　分						
备　注（现场未尽事项记录）						
教师签字			学生签字			

项目二　数控铣床/加工中心基本操作

2.1　任务单

适用专业:数控、机制、模具、机电等机械相关专业			使用班级	
任务名称:数控铣床/加工中心对刀操作			任务编号	
班　级	姓　名	组　别	日　期	

一、任务描述

1. 熟练掌握数控铣床/加工中心的刀具和工件的装夹。

2. 能够独立地对刀,进行参数计算以及半径补偿参数的设置和验证。

3. 能够熟练地进行程序输入、编辑以及自动加工等操作。

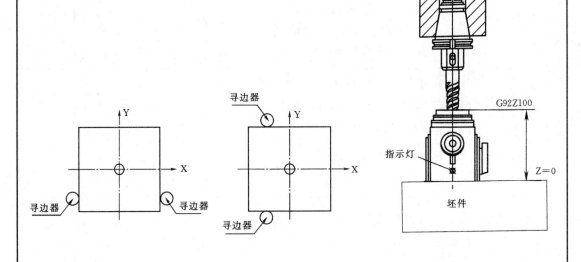

图 2-2-1　数控铣床/加工中心对刀原理

二、相关资料及资源

相关资料:

1. 教材《数控机床操作》。

2. 教学课件。

相关资源:

1. 数控铣床/加工中心。

2. 教学课件。

三、任务实施说明

1. 学生分组,每小组 3～5 人。

2. 小组进行任务分析。

3. 查阅资料。

4. 现场教学。

5. 小组讨论数控铣床/加工中心操作时应注意的安全事项及任务的重点难点。

6. 小组合作,进行数控铣床/加工中心对操作讲解练习,小组成员补充优化。

7. 角色扮演,分小组进行讲解演示。

8. 完成 2.2 引导文相关内容。

四、注意事项

1. 注意对刀前必须确定机床已经回过参考点以及机床无任何报警。

2. 注意不管是用寻边器对刀,还是用立铣刀直接对刀,都必须注意寻边器或立铣刀在退出时的移动方向,一旦移错方向,就有可能切废工件、折断刀具或将寻边器损坏。

3. 注意安全文明操作。

4. 注意对刀参数一定要准确输入,确保对刀准确。

5. 遇到问题时小组进行讨论,老师可以参与讨论,通过团队合作使问题得到解决。

6. 注意对数控铣床/加工中心的日常维护和保养。

7. 培养学生遵守 7S 相关规定。

五、知识拓展

1. 通过查找资料等方式,了解数控铣床/加工中心的其他对刀方法。

2. 查阅资料,了解除数控铣床/加工中心以外的其他数控设备对刀方法。

任务下发人:

日期: 年 月 日

任务执行人:

日期: 年 月 日

2.2　引导文

适用专业:数控、机制、模具、机电等机械相关专业			使用班级	
任务名称:数控铣床/加工中心对刀操作			任务编号	
班　级	姓　名	组　别	日　期	

一、明确任务目的

1. 熟悉数控铣床/加工中心的工件的安装。
2. 了解数控铣床/加工中心常用刀具的选用及使用方法。
3. 掌握数控铣床/加工中心的对刀方法及步骤。
4. 了解常用量具的选择和使用方法。
5. 遵守7S现场管理的相关规定。

二、引导问题

1. 为什么要进行对刀操作?

2. 数控铣床/加工中心常用辅具有哪些?

3. 简述刀具、工件装夹时应该注意的问题。

4. 简述对刀操作步骤。

三、引导任务实施

1. 简述平口钳的安装步骤。

2. 详述零件装夹步骤及注意事项。

3. 常用的铣刀类型有哪些？

4. 简述寻边器 Z 轴设定器对刀原理。

四、评价

小组讨论设计本小组的学习评价表,相互评价,最后给出小组成员的得分:
任务学习的其他说明或建议:
指导老师评语:
任务执行人签字: 日期： 年 月 日
指导老师签字: 日期： 年 月 日

2.3 职业素养评分表

项目名称			日 期	
姓 名			组 号	

	考核项目	考核内容	自我评价 （×10%）	班组评价 （×30%）	教师评价 （×60%）	得 分
职业素养	纪律 （20分）	认真学习，不迟到早退，服从安排，违反一项扣1～3分				
	安全文明生产 （20分）	安全着装，按要求操作机床，违反一项扣1～3分				
	职业规范 （20分）	爱护设备、量具，实训中工具、量具、刀具摆放整齐，机床加油、清洁。违反一项扣1～3分				
	现场要求 （20分）	不玩手机，不大声喧哗，不打闹，课后清扫地面、设备，清理现场。违反一项扣1～3分				
	对刀操作考核 （20分）	在规定时间内准确完成对刀操作，根据现场情况扣分				
	人伤械损事故	若出现人伤械损事故，整个项目成绩记0分				
	总 分					

备 注 （现场未尽事项记录）	
教师签字	学生签字

项目三　简单综合件零件加工

3.1　任务单

适用专业:数控、机制、模具、机电等机械相关专业		使用班级	
任务名称:简单综合件零件加工		任务编号	
班级	姓名	组别	日期

一、任务描述

1. 按照图 2-3-1 完成此工序的各项工作(选择刀具、零件装夹方式),毛坯尺寸 100mm×100mm×30mm。

2. 按照图 2-3-1 完成编制加工工序的各项工作(建立工件坐标系、计算节点坐标、绘图、选择切削用量、设置切削参数、编制程序、输入程序)。

3. 按照图 2-3-1 依次完成加工的各项工作(操作数控铣床/加工中心、安装调整刀具、安装校正零件、对刀操作、首件试切、检测零件、调试加工程序等)。

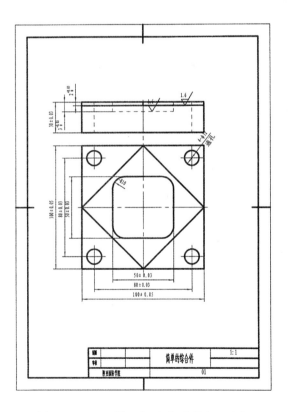

图 2-3-1　槽、内型腔零件加工图

二、相关资料及资源

相关资料：

1. 教材《数控机床操作》。

2. 教学课件。

相关资源：

1. 数控铣床、各种刀具、量具。

2. 教学课件。

3. 阅 3.2 引导文。

三、任务实施说明

1. 学生分组，每小组 3～5 人。

2. 小组进行任务分析。

3. 资料学习。

4. 现场教学。

5. 小组讨论铣削工件时应注意的安全事项及任务的重点难点。

6. 小组合作，进行工件铣削操作讲解练习，小组成员补充优化。

7. 角色扮演，分小组进行讲解演示。

8. 完成 3.2 引导文相关内容。

四、注意事项

1. 注意加工时应选择正确的站位和操作手势，密切注意加工情况，随时准备处理突发情况。

2. 注意调整进给修调开关和主轴倍率开关，提高工件表面质量。

3. 注意铣削加工后，需用锉刀去除毛刺。

4. 遇到问题时小组进行讨论，老师可以参与讨论，通过团队合作使问题得到解决。

5. 培养学生遵守 7S 相关规定。

五、知识拓展

1. 通过查找资料等方式，了解数控铣床的铣削原理和切削用量的选择。

2. 查阅资料，了解型腔类零件的加工工艺方法。

任务下发人：

日期： 年 月 日

任务执行人：

日期： 年 月 日

3.2 引导文

适用专业:数控、机制、模具、机电等机械相关专业				使用班级	
任务名称:槽、内型腔零件加工				任务编号	
班级		姓名		组别	日期

一、明确任务目的

1. 了解和掌握槽、内型腔零件加工结构编程的基本结构。

2. 能合理地选择切削用量。

3. 掌握各种槽、内型腔零件加工方法。

4. 正确使用量具测量工件。

5. 遵守 7S 现场管理的相关规定。

二、引导问题

1. 在加工过程中遇到哪些问题以及如何解决这些问题?

2. 试分析所加工零件误差产生的原因及消除办法。

三、引导任务实施

1. 根据 3.1 任务单给出的零件图,对零件的加工工艺进行分析。

2. 根据 3.1 任务单给出的零件图,制定加工工艺方案。

3. 根据 3.1 任务单给出的零件图,填写零件加工工序卡。

四、评价

小组讨论设计本小组的学习评价表,相互评价,最后给出小组成员的得分:

任务学习的其他说明或建议:

指导老师评语:

任务执行人签字:

日期: 年 月 日

指导老师签字:

日期: 年 月 日

3.3 加工工序卡

简单综合零件加工工序卡				产品名称	零件名称	零件图号
工序号	工步内容	材料	数量	夹具名称	使用设备	实训室

工步号	工步内容	切削用量			刀具		量具	
		n (r/min)	f (mm/r)	a_p (mm)	刀号	名称	名称	规格

编制		审核		批准		共 页		第 页

3.4 加工程序单

3.5 职业素养评分表

项目名称			日 期			
姓 名			组 号			
职业素养	考核项目	考核内容	自我评价（×10％）	班组评价（×30％）	教师评价（×60％）	得 分
	纪律（20分）	认真学习，不迟到早退，服从安排，违反一项扣1～3分				
	安全文明生产（20分）	安全着装，按要求操作机床，违反一项扣1～3分				
	职业规范（20分）	爱护设备、量具，实训中工具、量具、刀具摆放整齐，机床加油、清洁。违反一项扣1～3分				
	现场要求（20分）	不玩手机，不大声喧哗，不打闹，课后清扫地面、设备，清理现场。违反一项扣1～3分				
	工件加工考核（20分）	在规定时间内准确完成对刀操作，根据现场情况扣分				
	人伤械损事故	若出现人伤械损事故，整个项目成绩记0分				
总 分						
备 注（现场未尽事项记录）						
教师签字			学生签字			

3.6 零件检测评分表

零件名称		工件编号	

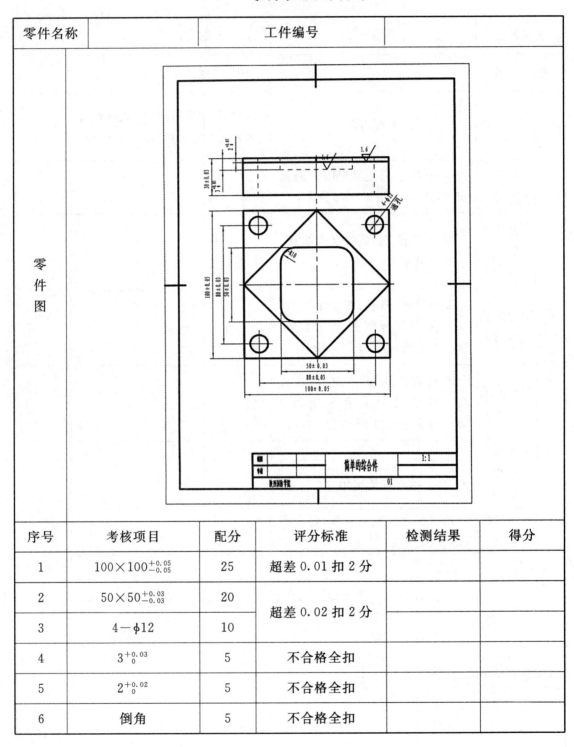

零件图

序号	考核项目	配分	评分标准	检测结果	得分
1	$100 \times 100^{+0.05}_{-0.05}$	25	超差 0.01 扣 2 分		
2	$50 \times 50^{+0.03}_{-0.03}$	20	超差 0.02 扣 2 分		
3	$4-\phi12$	10			
4	$3^{+0.03}_{0}$	5	不合格全扣		
5	$2^{+0.02}_{0}$	5	不合格全扣		
6	倒角	5	不合格全扣		

7	安全文明生产	按有关规定,每违反一项从总分中扣1~10分,发生重大事故取消考试资格		
8	程序编制	①程序要完整,连续加工。②加工中有违反数控工艺,视情况酌情扣分。③扣分不超过10分		
9	其他项目	①工件必须完整,工件局部无缺陷(夹伤等)。②扣分不超过10分		
10	加工时间	额定时间 分钟,延时扣分		
11	工件总得分			
12	教师签名		学生签名	

项目四 配合件零件加工

4.1 任务单

适用专业:数控、机制、模具、机电等机械相关专业			使用班级	
任务名称:配合件零件加工			任务编号	
班级	姓名	组别		日期

一、任务描述

1. 按照图 2-4-1 完成此工序的各项工作(选择刀具、零件装夹方式),毛坯尺寸 100mm×100mm×30mm。

2. 按照图 2-4-1 完成编制加工工序的各项工作(建立工件坐标系、计算节点坐标、绘图、选择切削用量、设置切削参数、编制程序、输入程序)。

3. 按照图 2-4-1 依次完成加工的各项工作(操作数控铣床/加工中心、安装调整刀具、安装校正零件、对刀操作、首件试切、检测零件、调试加工程序等)。

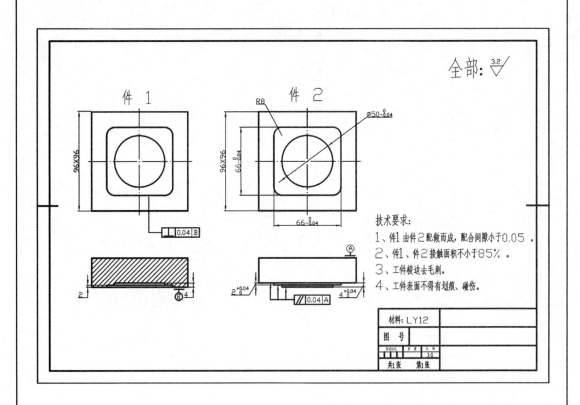

图 2-4-1 配合件加工图

二、相关资料及资源

相关资料：

1. 教材《数控机床操作》。

2. 教学课件。

相关资源：

1. 数控铣床、各种刀具、量具。

2. 教学课件。

3. 阅 4.2 引导文。

三、任务实施说明

1. 学生分组，每小组 3～5 人。

2. 小组进行任务分析。

3. 资料学习。

4. 现场教学。

5. 小组讨论铣削工件时应注意的安全事项及任务的重点难点。

6. 小组合作，进行工件铣削操作讲解练习，小组成员补充优化。

7. 角色扮演，分小组进行讲解演示。

8. 完成 4.2 引导文相关内容。

四、注意事项

1. 注意加工时应选择正确的站位和操作手势，密切注意加工情况，随时准备处理突发情况。

2. 注意调整进给修调开关和主轴倍率开关，提高工件表面质量。

3. 注意铣削加工后，需用锉刀去除毛刺。

4. 遇到问题时小组进行讨论，老师可以参与讨论，通过团队合作使问题得到解决。

5. 培养学生遵守 7S 相关规定。

五、知识拓展

1. 通过查找资料等方式，了解数控铣床的铣削原理和切削用量的选择。

2. 查阅资料，了解型复杂零件的加工工艺方法。

任务下发人：	
	日期： 年 月 日

任务执行人：	
	日期： 年 月 日

4.2 引导文

适用专业:数控、机制、模具、机电等机械相关专业			使用班级		
任务名称:配合件零件加工			任务编号		
班级		姓名	组别		日期

一、明确任务目的

1. 了解和掌握复杂零件加工结构编程的基本结构。
2. 能合理地选择切削用量。
3. 掌握各种复杂零件加工方法。
4. 正确使用量具测量工件。
5. 遵守 7S 现场管理的相关规定。

二、引导问题

1. 在加工过程中遇到哪些问题以及如何解决这些问题?

2. 试分析所加工零件误差产生的原因及消除办法。

三、引导任务实施

1. 根据 4.1 任务单给出的零件图,对零件的加工工艺进行分析。

2. 根据4.1任务单给出的零件图,制定加工工艺方案。

3. 根据4.1任务单给出的零件图,填写零件加工工序卡。

四、评价

小组讨论设计本小组的学习评价表,相互评价,最后给出小组成员的得分:

任务学习的其他说明或建议:

指导老师评语:

任务执行人签字:

日 期: 年 月 日

指导老师签字:

日 期: 年 月 日

4.3　加工工序卡

配合件零件工序卡				产品名称	零件名称	零件图号
工序号	工步内容	材料	数量	夹具名称	使用设备	实训室

工步号	工步内容	切削用量			刀具		量具	
		n (r/min)	f (mm/r)	a_{p} (mm)	刀号	名称	名称	规格

编制		审核		批准		共 页		第 页

4.4 加工程序单

4.5　职业素养评分表

项目名称				日　期			
姓　名				组　号			

	考核项目	考核内容	自我评价 （×10%）	班组评价 （×30%）	教师评价 （×60%）	得分
职业素养	纪律 （20分）	认真学习,不迟到早退,服从安排,违反一项扣1～3分				
	安全文明 生产 （20分）	安全着装,按要求操作机床,违反一项扣1～3分				
	职业规范 （20分）	爱护设备、量具,实训中工具、量具、刀具摆放整齐,机床加油、清洁。违反一项扣1～3分				
	现场要求 （20分）	不玩手机,不大声喧哗,不打闹,课后清扫地面、设备,清理现场。违反一项扣1～3分				
	工件加工 考核 （20分）	在规定时间内准确完成对刀操作,根据现场情况扣分				
	人伤械损 事故	若出现人伤械损事故,整个项目成绩记0分				
总　分						
备　注 （现场未尽事项记录）						
教师签字				学生签字			

4.6 零件检测评分表

零件名称				工件编号		
零件图				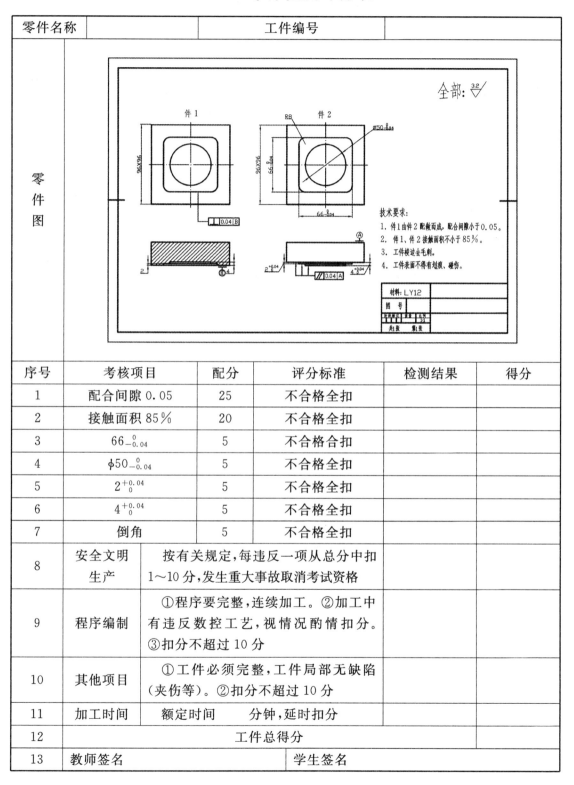		

序号	考核项目		配分	评分标准	检测结果	得分
1	配合间隙 0.05		25	不合格全扣		
2	接触面积 85%		20	不合格全扣		
3	$66_{-0.04}^{0}$		5	不合格合扣		
4	$\phi50_{-0.04}^{0}$		5	不合格全扣		
5	$2_{0}^{+0.04}$		5	不合格全扣		
6	$4_{0}^{+0.04}$		5	不合格全扣		
7	倒角		5	不合格全扣		
8	安全文明生产		按有关规定,每违反一项从总分中扣1~10分,发生重大事故取消考试资格			
9	程序编制		①程序要完整,连续加工。②加工中有违反数控工艺,视情况酌情扣分。③扣分不超过10分			
10	其他项目		①工件必须完整,工件局部无缺陷(夹伤等)。②扣分不超过10分			
11	加工时间		额定时间　　　分钟,延时扣分			
12	工件总得分					
13	教师签名			学生签名		

项目五　凸轮加工

5.1　任务单

适用专业:数控、机制、模具、机电等机械相关专业			使用班级	
任务名称:凸轮加工			任务编号	
班　级	姓　名	组　别		日　期

一、任务描述

1. 按照图2-5-1完成此工序的各项工作(选择刀具、零件装夹方式),毛坯尺寸 φ100mm×100mm。

2. 按照图2-5-1完成编制加工工序的各项工作(建立工件坐标系、计算节点坐标、绘图、选择切削用量、设置切削参数、CAM编制程序、输入程序)。

3. 按照图2-5-1依次完成加工的各项工作(操作加工中心、安装调整刀具、安装校正零件、对刀操作、首件试切、检测零件、调试加工程序等)。

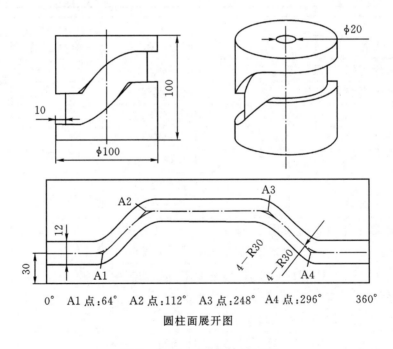

0°　A1点:64°　A2点:112°　A3点:248°　A4点:296°　360°

圆柱面展开图

图2-5-1　配合件加工图

二、相关资料及资源

相关资料:

1. 教材《数控机床操作》。

2. 教学课件。

相关资源:

1. 数控铣床、各种刀具、量具。

2. 教学课件。

3. 阅 5.2 引导文。

三、任务实施说明

1. 学生分组,每小组 3~5 人。

2. 小组进行任务分析。

3. 资料学习。

4. 现场教学。

5. 小组讨论铣削工件时应注意的安全事项及任务的重点难点。

6. 小组合作,进行工件铣削操作讲解练习,小组成员补充优化。

7. 角色扮演,分小组进行讲解演示。

8. 完成 5.2 引导文相关内容。

四、注意事项

1. 注意加工时应选择正确的站位和操作手势,密切注意加工情况,随时准备处理突发情况。

2. 注意调整进给修调开关和主轴倍率开关,提高工件表面质量。

3. 注意铣削加工后,需用锉刀去除毛刺。

4. 遇到问题时小组进行讨论,老师可以参与讨论,通过团队合作使问题得到解决。

5. 培养学生遵守 7S 相关规定。

五、知识拓展

1. 通过查找资料等方式,了解加工中心的铣削原理和切削用量的选择。

2. 查阅资料,了解凸轮加工的加工工艺方法。

任务下发人:	
	日期: 年 月 日

任务执行人:	
	日期: 年 月 日

5.2 引导文

适用专业:数控、机制、模具、机电等机械相关专业			使用班级	
任务名称:凸轮加工			任务编号	
班级	姓名	组别		日期

一、明确任务目的

1. 了解和掌握凸轮加工结构编程的基本结构。
2. 能合理地选择切削用量。
3. 掌握各种凸轮加工方法。
4. 正确使用量具测量工件。
5. 遵守 7S 现场管理的相关规定。

二、引导问题

1. 在加工过程中遇到哪些问题以及如何解决这些问题?

2. 试分析所加工零件误差产生的原因及消除办法。

三、引导任务实施

1. 根据 5.1 任务单给出的零件图,对零件的加工工艺进行分析。

2. 根据5.1任务单给出的零件图,制定加工工艺方案。

3. 根据5.1任务单给出的零件图,填写零件加工工序卡。

四、评价

小组讨论设计本小组的学习评价表,相互评价,最后给出小组成员的得分:

任务学习的其他说明或建议:

指导老师评语:

任务执行人签字:

日期: 年 月 日

指导老师签字:

日期: 年 月 日

5.3 加工工序卡

配合零件工序卡					产品名称	零件名称	零件图号
工序号	工步内容	材料	数量		夹具名称	使用设备	实训室
工步号	工步内容	切削用量			刀具		量具	
		n (r/min)	f (mm/r)	a_p (mm)	刀号	名称	名称	规格
编制		审核		批准		共 页	第 页

5.4 职业素养评分表

项目名称			日 期			
姓 名			组 号			
	考核项目	考核内容	自我评价 （×10％）	班组评价 （×30％）	教师评价 （×60％）	得分
职业素养	纪律 （20分）	认真学习,不迟到早退,服从安排,违反一项扣1～3分				
	安全文明生产 （20分）	安全着装,按要求操作机床,违反一项扣1～3分				
	职业规范 （20分）	爱护设备、量具,实训中工具、量具、刀具摆放整齐,机床加油、清洁。违反一项扣1～3分				
	现场要求 （20分）	不玩手机,不大声喧哗,不打闹,课后清扫地面、设备,清理现场。违反一项扣1～3分				
	工件加工考核 （20分）	在规定时间内准确完成对刀操作,根据现场情况扣分				
	人伤械损事故	若出现人伤械损事故,整个项目成绩记0分				
	总 分					
备 注 （现场未尽事项记录）						
教师签字			学生签字			

5.5 零件检测评分表

零件名称		工件编号	

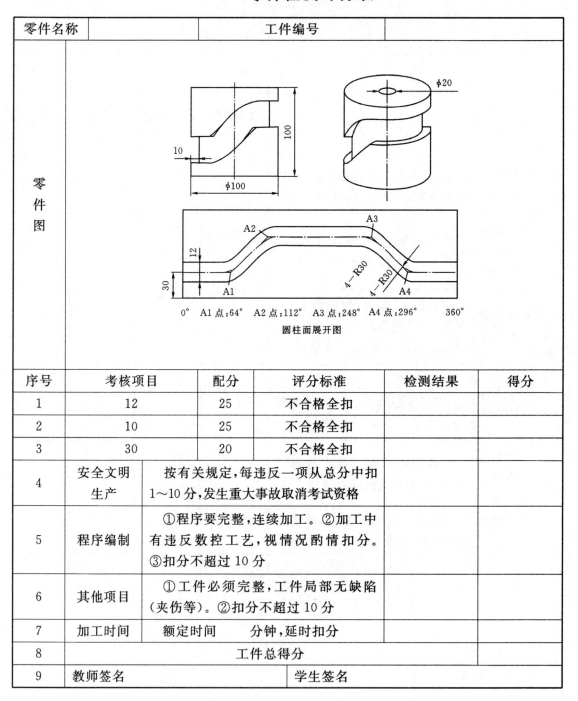

圆柱面展开图

0° A1点:64° A2点:112° A3点:248° A4点:296° 360°

序号	考核项目	配分	评分标准	检测结果	得分
1	12	25	不合格全扣		
2	10	25	不合格全扣		
3	30	20	不合格全扣		
4	安全文明生产	按有关规定,每违反一项从总分中扣1~10分,发生重大事故取消考试资格			
5	程序编制	①程序要完整,连续加工。②加工中有违反数控工艺,视情况酌情扣分。③扣分不超过10分			
6	其他项目	①工件必须完整,工件局部无缺陷(夹伤等)。②扣分不超过10分			
7	加工时间	额定时间　　分钟,延时扣分			
8	工件总得分				
9	教师签名		学生签名		

第3篇　五轴加工中心

项目一　五轴加工中心基本知识

1.1　任务单

适应专业:数控、机制、模具、机电等机械相关专业			使用班级	
任务名称:五轴加工中心基本知识			任务编号	
班级		姓名	组别	日期

一、任务描述

1. 了解五轴加工中心的规章制度及数控线切割操作规程。

2. 了解五轴加工相关知识及维护保养。

3. 掌握五轴加工的基本操作及工量具的使用方法。

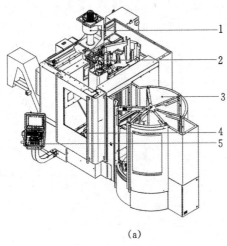 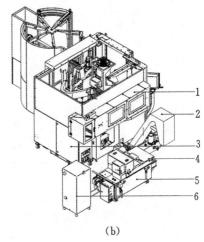

（a）　　　　　　　　　　　　　　　　（b）

1—油雾抽排装置;2—内防护罩;　　　　　1—刀库;2—带切屑收集装置的冷却系统;3—电箱;

3—托盘交换系统;4—回转工作台;　　　4—TSC 纸带过滤器;5—TSC 20 bar 中喷冷却装置;

5—操纵台　　　　　　　　　　　　　　　6—主轴冷却装置

图 3-1-1　五轴加工中心机床结构

二、相关资料及资源

相关资料:

1. 教材《数控机床操作》。

2. 教学课件。

相关资源:

1. 五轴加工中心。

2. 教学课件。

三、任务实施说明

1. 学生分组,每小组 3～5 人。

2. 小组进行任务分析。

3. 查阅资料。

4. 现场教学。

5. 小组讨论五轴加工中心操作时应注意的安全事项及任务的重点难点。

6. 小组合作,进行五轴加工中心操作讲解练习,小组成员补充优化。

7. 角色扮演,分小组进行讲解演示。

8. 完成五轴加工中心基本操作及引导文相关内容的填写。

四、注意事项

1. 注意观察五轴加工中心的结构和工作原理。

2. 注意掌握五轴加工中心的各键功能和操作方法。

3. 注意安全文明操作。

4. 遇到问题时小组进行讨论,老师可以参与讨论,通过团队合作使问题得到解决。

5. 注意对五轴加工中心的日常维护和保养。

6. 培养学生遵守 7S 相关规定。

五、知识拓展

1. 通过查找资料等方式,了解五轴加工中心的种类、加工范围以及发展现状。

2. 查阅资料,了解除五轴加工中心以外的其他数控设备。

任务下发人:

日期: 年 月 日

任务执行人:

日期: 年 月 日

1.2　引导文

适应专业:数控、机制、模具、机电等机械相关专业			使用班级	
任务名称:五轴加工中心基本知识			任务编号	
班级	姓名	组别	日期	

一、明确任务目的

1. 熟悉五轴加工中心的操作规程。
2. 了解实训的五轴加工中心机床所采用的数控系统功能。
3. 熟悉五轴加工中心的操作面板、控制面板和软键功能,能够进行简单的手动操作。
4. 掌握五轴加工中心基本操作。
5. 熟悉五轴加工中心的日常维护和保养。
6. 遵守 7S 现场管理的相关规定。

二、引导问题

1. 五轴加工中心机床的用途?

2. 对安全文明生产的认识情况。

3. 机床润滑保养是否有必要? 具体措施有哪些?

4. 简述程序建立和删除步骤。

三、引导任务实施

1. 简述五轴加工中心的加工原理。

2. 简述五轴加工中心的结构组成及各部位的功用。

3. 掌握五轴加工中心的分类有哪些。

4. 五轴加工中心的性能特点。

5. 五轴加工中心的机床参数。

6. 熟悉五轴加工中心的操作规程及日常维护保养。

四、评价

小组讨论设计本小组的学习评价表,相互评价,最后给出小组成员的得分:

任务学习的其他说明或建议:

指导老师评语:

任务执行人签字:

日期: 年 月 日

指导老师签字:

日期: 年 月 日

1.3 职业素养评分表

项目名称			日 期		
姓　　名			组　号		
	考核项目	考核内容	自我评价	班组评价	教师评价
职业素养	纪　律 (20分)	认真学习,不迟到早退,服从安排,违反一项扣1~3分			
	安全文明生产 (20分)	安全着装,按要求操作机床,违反一项扣1~3分			
	职业规范 (20分)	爱护设备、量具,实训中工具、量具、刀具摆放整齐,机床加油、清洁。违反一项扣1~3分			
	现场要求 (20分)	不玩手机,不大声喧哗,不打闹,课后清扫地面、设备,清理现场。违反一项扣1~3分			
	工件加工考核 (20分)	在规定时间内完成工件的加工,根据现场情况扣分			
	人伤械损事故	若出现人伤械损事故,整个项目成绩记0分			
	总　　分				
信息反馈					
教师签字			学生签字		

教学反馈表

序号	内容	评价	说明
	课程名称		
	学习项目		
	学习班级		
团队负责人		团队成员	
1	本任务的教学方法是否合适你		
2	此项目教学组织是否合理		
3	此项目难易程度是否适中		
4	你是否在规定时间内完成任务		
5	你是否达到了该任务学习目标		
学生签字		日　期	

项目二　五轴加工中心基本操作

2.1　任务单

适应专业:数控、机制、模具、机电等机械相关专业			使用班级	
任务名称:五轴加工中心基本操作			任务编号	
班　级		姓　名		组别
班　级		姓　名		日　期

一、任务描述

1. 熟练五轴加工中心机床的界面各功用。

2. 熟练掌握五轴加工中心工件的装夹方法。

3. 能够独立地对刀,进行参数计算以及半径补偿参数的设置和验证。

4. 能够熟练地进行程序输入、编辑以及自动加工等操作。

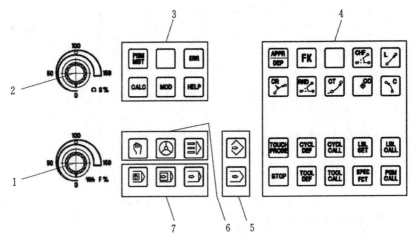

1—进给速率电位器;2—刀具主轴速度电位器;3—程序数据管理、TNC功能;
4—编程对话;5—编程模式;6—手动操作模式;7—自动操作模式

图 3-2-1　五轴加工中心机床编程区

二、相关资料及资源

相关资料:

1. 教材《数控机床操作》。

2. 教学课件。

相关资源:

1. 五轴加工中心。

2. 教学课件。

三、任务实施说明

1. 学生分组,每小组 3～5 人。

2. 小组进行任务分析。

3. 查阅资料。

4. 现场教学。

5. 小组讨论五轴加工中心对刀时应注意的安全事项及任务的重点难点。

6. 小组合作,进行五轴加工中心操作讲解练习,小组成员补充优化。

7. 角色扮演,分小组进行讲解演示。

8. 完成引导文相关内容。

四、注意事项

1. 注意找正工件坐标系前必须确定掌握机床的坐标方向以及确定机床无任何故障。

2. 要注意安全文明操作。

3. 注意参数一定要准确输入,确保与所加工工件相匹配。

4. 遇到问题时小组进行讨论,老师可以参与讨论,通过团队合作使问题得到解决。

5. 注意对五轴加工中心的日常维护和保养。

6. 培养学生遵守 7S 相关规定。

五、知识拓展

1. 通过查找资料等方式,了解五轴加工中心对刀方法。

2. 查阅资料,了解除五轴加工中心以外的其他数控设备对丝方法。

任务下发人:
日期: 年 月 日
任务执行人:
日期: 年 月 日

2.2 引导文

适应专业:数控、机制、模具、机电等机械相关专业				使用班级			
任务名称:五轴加工中心基本操作				任务编号			
班级		姓名		组别		日期	

一、明确任务目的

1. 熟悉五轴加工中心工件的安装。
2. 了解五轴加工中心冷却液的选用及使用方法。
3. 掌握五轴加工中心的一般对刀方法及步骤。
4. 了解常用量具的选择和使用方法。
5. 遵守 7S 现场管理的相关规定。

二、引导问题

1. 简述五轴加工中心机床面板按键各功用。

2. 五轴加工中心加工零件常用的装夹方式有哪几种?

3. 工件装夹时应该注意的问题。

4. 简述找正工件坐标系操作步骤。

三、引导任务实施

1. 简述五轴加工中心编程方法。

2. 掌握五轴加工中心找正工件坐标系的操作方法。

3. 熟悉常用量具的使用方法。

四、评价

小组讨论设计本小组的学习评价表,相互评价,最后给出小组成员的得分。

任务学习的其他说明或建议:

指导老师评语:

任务执行人签字:

日期: 年 月 日

指导老师签字:

日期: 年 月 日

2.3 职业素养评分表

项目名称			日 期		
姓 名			组 号		
	考核项目	考核内容	自我评价	班组评价	教师评价
职业素养	纪 律（20分）	认真学习,不迟到早退,服从安排,违反一项扣1~3分			
	安全文明生产（20分）	安全着装,按要求操作机床,违反一项扣1~3分			
	职业规范（20分）	爱护设备、量具,实训中工具、量具、刀具摆放整齐,机床加油、清洁。违反一项扣1~3分			
	现场要求（20分）	不玩手机,不大声喧哗,不打闹,课后清扫地面、设备,清理现场。违反一项扣1~3分			
	工件加工考核（20分）	在规定时间内完成工件的加工,根据现场情况扣分			
	人伤械损事故	若出现人伤械损事故,整个项目成绩记0分			
总 分					
信息反馈					
教师签字			学生签字		

教学反馈表

课程名称			
学习项目			
学习班级			
团队负责人		团队成员	
序号	内容	评价	说明
1	本任务的教学方法是否合适你		
2	此项目教学组织是否合理		
3	此项目难易程度是否适中		
4	你是否在规定时间内完成任务		
5	你是否达到了该任务学习目标		
学生签字		日　期	

项目三　典型零件加工

3.1　任务单

适应专业:数控、机制、模具、机电等机械相关专业		使用班级	
任务名称:典型零件加工		任务编号	
班　级	姓　名	组　别	日　期

一、任务描述

1. 按照图 3-3-1、3-3-2,任选一个完成此零件加工前的各项准备工作(检查机床正常运转情况等)。

2. 按照图 3-3-1、3-3-2 完成编制加工工序的各项工作。

3. 按照图 3-3-1、3-3-2 依次完成五轴加工的各项工作。

 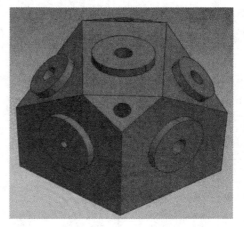

图 3-3-1　整体叶轮零件图　　　　　图 3-3-2　3+2 零件模型图

二、相关资料及资源

相关资料:

1. 教材《数控机床操作》。

2. 教学课件。

相关资源:

1. 五轴加工中心、各种刀具、量具。

2. 教学课件。

三、任务实施说明

1. 学生分组,每小组 3～5 人。

2. 小组进行任务分析。

3. 资料学习。

4. 现场教学。

5. 小组讨论车削工件时应注意的安全事项及任务的重点难点。

6. 小组合作,进行工件铣削操作讲解练习,小组成员补充优化。

7. 角色扮演,分小组进行讲解演示。

8. 完成 3.2 引导文相关内容。

四、注意事项

1. 注意加工时应选择正确的站位和操作手势,密切注意加工情况,随时准备处理突发情况。

2. 注意各参数开关,确保加工稳定,提高工件表面质量。

3. 注意加工时,切削液的正常使用。

4. 遇到问题时小组进行讨论,老师可以参与讨论,通过团队合作使问题得到解决。

5. 培养学生遵守 7S 相关规定。

五、知识拓展

1. 通过查找资料等方式,了解五轴加工中心的加工原理和各切削参数的选择。

2. 查阅资料,了解凸模类零件的加工工艺方法。

任务下发人:

日期: 年 月 日

任务执行人:

日期: 年 月 日

3.2 引导文

适应专业:数控、机制、模具、机电等机械相关专业				使用班级	
任务名称:典型零件加工				任务编号	
班 级		姓 名		组 别	日 期

一、明确任务目的

1. 了解和掌握典型零件的结构和编程的基本结构。
2. 能合理地选择各切削参数。
3. 掌握该类零件加工方法。
4. 正确使用量具测量工件。
5. 遵守 7S 现场管理的相关规定。

二、引导问题

1. 在加工过程中遇到哪些问题以及如何解决这些问题?

2. 试分析所加工零件误差产生的原因及消除办法。

三、引导任务实施

1. 根据图 3-3-1、图 3-3-2 任务单给出的零件图,对零件的加工工艺进行分析。

2. 根据图 3-3-1、图 3-3-2 任务单给出的零件图,制定加工工艺方案。

3. 根据图 3-3-1、图 3-3-2 任务单给出的零件图,填写零件加工任务单。

4. 根据图 3-3-1、图 3-3-2 任务单给出的零件图,编写零件加工步骤。

四、评价

小组讨论设计本小组的学习评价表,相互评价,最后给出小组成员的得分:

任务学习的其他说明或建议:

指导老师评语:

任务执行人签字:

日期: 年 月 日

指导老师签字:

日期: 年 月 日

3.3　零件加工材料工具清单

类别	名称	型号	数量	作用
仪器仪表				
工具				
元器件				
软件				

3.4 零件加工计划表

学习班级	
团队负责人	
团队成员	

序号	内容	人员分工	预计完成时间	实际工作情况记录
1				
2				
3				
4				
5				
6				
学生确认			日期	

3.5　零件加工工艺单

3.6 职业素养评分表

项目名称			日　　期		
姓　　名			组　　号		
	考核项目	考核内容	自我评价	班组评价	教师评价
职业素养	纪　律 (20分)	认真学习,不迟到早退,服从安排,违反一项扣1~3分			
	安全文明生产 (20分)	安全着装,按要求操作机床,违反一项扣1~3分			
	职业规范 (20分)	爱护设备、量具,实训中工具、量具、刀具摆放整齐,机床加油、清洁。违反一项扣1~3分			
	现场要求 (20分)	不玩手机,不大声喧哗,不打闹,课后清扫地面、设备,清理现场。违反一项扣1~3分			
	工件加工考核 (20分)	在规定时间内完成工件的加工,根据现场情况扣分			
	人伤械损事故	若出现人伤械损事故,整个项目成绩记0分			
总　　分					
信息反馈					
教师签字			学生签字		

教学反馈表

课程名称		五轴加工中心编程与加工	
学习项目		典型3＋2零件五轴加工	
学习班级			
团队负责人		团队成员	
序号	内容	评价	说明
1	本任务的教学方法是否合适你		
2	此项目教学组织是否合理		
3	此项目难易程度是否适中		
4	你是否在规定时间内完成任务		
5	你是否达到了该任务学习目标		
学生签字		日　期	

第 4 篇　数控线切割

项目一　数控线切割基本知识

1.1　任务单

适用专业:数控、机制、模具、机电等机械相关专业		使用班级	
任务名称:数控线切割基本知识		任务编号	
班　级	姓　名	组　别	日　期

一、任务描述

1. 了解数控实训中心的规章制度及数控线切割操作规程。

2. 了解数控线切割相关知识及维护保养。

3. 掌握数控线切割的基本操作及工量具的使用方法。

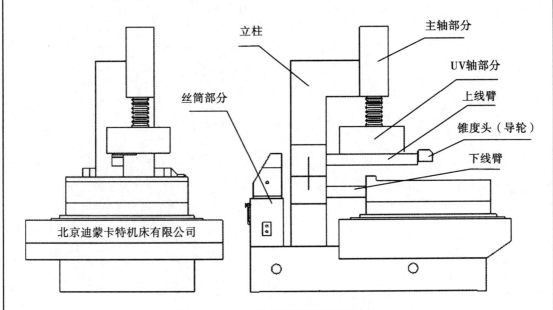

图 4-1-1　数控线切割机床结构

二、相关资料及资源

相关资料:

教材《数控机床操作》。

教学课件。

相关资源:

数控线切割。

教学课件。

三、任务实施说明

1. 学生分组,每小组 3~5 人。
2. 小组进行任务分析。
3. 查阅资料。
4. 现场教学。
5. 小组讨论数控线切割操作时应注意的安全事项及任务的重点难点。
6. 小组合作,进行数控线切割操作讲解练习,小组成员补充优化。
7. 角色扮演,分小组进行讲解演示。
8. 完成数控线切割基本操作及引导文相关内容的填写。

四、注意事项

1. 注意观察数控线切割的结构和工作原理。
2. 注意掌握数控线切割的各建功能和操作方法。
3. 注意安全文明操作。
4. 遇到问题时小组进行讨论,老师可以参与讨论,通过团队合作使问题得到解决。
5. 注意对数控线切割的日常维护和保养。
6. 培养学生遵守 7S 相关规定。

五、知识拓展

1. 通过查找资料等方式,了解数控线切割的种类、加工范围以及发展现状。
2. 查阅资料,了解除数控线切割以外的其他数控设备。

任务下发人:

日期: 年 月 日

任务执行人:

日期: 年 月 日

1.2 引导文

适应专业:数控、机制、模具、机电等机械相关专业				使用班级	
任务名称:数控线切割基本知识				任务编号	
班级		姓名		组别	日期

一、明确任务目的

1. 熟悉数控线切割的操作规程。

2. 了解实训的数控机床所采用的数控系统功能。

3. 熟悉数控线切割的操作面板、控制面板和软键功能,能够进行简单的手动操作。

4. 掌握数控线切割基本操作。

5. 熟悉数控线切割的日常维护和保养。

6. 遵守 7S 现场管理的相关规定。

二、引导问题

1. 数控线切割机床的用途?

2. 对安全文明生产的认识情况。

3. 机床润滑保养是否有必要?具体措施有哪些?

4. 简述程序建立和删除步骤。

三、引导任务实施

1. 简述数控线切割的加工原理。

2. 简述数控线切割的结构组成及各部位的功用。

3. 掌握数控线切割的分类有哪些?

4. 数控线切割的性能特点有哪些?

5. 简述数控线切割的机床参数。

6. 熟悉数控线切割的操作规程及日常维护保养。

四、评价

小组讨论设计本小组的学习评价表,相互评价,最后给出小组成员的得分:

任务学习的其他说明或建议:

指导老师评语:

任务执行人签字:

日期: 年 月 日

指导老师签字:

日期: 年 月 日

1.3 职业素养评分表

项目名称			日 期		
姓　　名			组　号		

	考核项目	考核内容	自我评价（×10%）	班组评价（×30%）	教师评价（×60%）	得 分
职业素养	纪律（20分）	认真学习,不迟到早退,服从安排,违反一项扣1～3分				
	安全文明生产（20分）	安全着装,按要求操作机床,违反一项扣1～3分				
	职业规范（20分）	爱护设备、量具,实训中工具、量具、刀具摆放整齐,机床加油、清洁。违反一项扣1～3分				
	现场要求（20分）	不玩手机,不大声喧哗,不打闹,课后清扫地面、设备,清理现场。违反一项扣1～3分				
	任务掌握（20分）	对任务进行认知考核,错误一次扣1～3分				
	人伤械损事故	若出现人伤械损事故,整个项目成绩记0分				
总　　分						
备　注（现场未尽事项记录）						
教师签字			学生签字			

项目二 数控线切割机床基本操作

2.1 任务单

适应专业:数控、机制、模具、机电等机械相关专业			使用班级		
任务名称:数控线切割对丝操作			任务编号		
班级	姓名	组别		日期	

一、任务描述

1. 熟练操作线切割机床的界面各功用。

2. 熟练掌握数控线切割工件的装夹方法。

3. 能够独立地对丝,进行参数计算以及半径补偿参数的设置和验证。

4. 能够熟练地进行程序输入、编辑以及自动加工等操作。

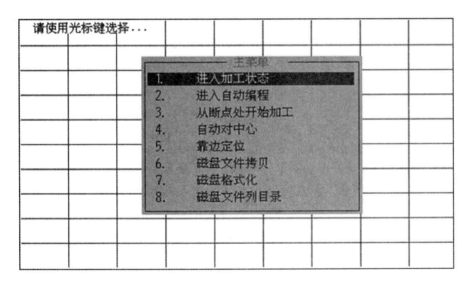

图 4-2-1 数控线切割开机界面

二、相关资料及资源

相关资料:

1. 教材《数控机床操作》。

2. 教学课件。

相关资源:

1. 数控线切割。

2. 教学课件。

三、任务实施说明

1. 学生分组，每小组 3～5 人。

2. 小组进行任务分析。

3. 查阅资料。

4. 现场教学。

5. 小组讨论数控线切割对丝时应注意的安全事项及任务的重点难点。

6. 小组合作，进行数控线切割对操作讲解练习，小组成员补充优化。

7. 角色扮演，分小组进行讲解演示。

8. 完成引导文相关内容。

四、注意事项

1. 注意对丝前必须确定掌握机床的坐标方向以及确定机床无任何故障。

2. 注意不管是用对丝块对丝，还是用目测法对丝，都必须注意丝在退出时的移动方向，一旦移错方向，就有可能切废工件、断丝。一定要注意安全文明操作。

3. 注意加工电参数一定要准确输入，确保与所加工工作相匹配。

4. 遇到问题时小组进行讨论，老师可以参与讨论，通过团队合作使问题得到解决。

5. 注意对数控线切割的日常维护和保养。

6. 培养学生遵守 7S 相关规定。

五、知识拓展

1. 通过查找资料等方式，了解数控线切割的其他对丝方法。

2. 查阅资料，了解除数控线切割以外的其他数控设备对丝方法。

任务下发人：

日期：　年　月　日

任务执行人：

日期：　年　月　日

2.2　引导文

适应专业：数控、机制、模具、机电等机械相关专业			使用班级			
任务名称：数控线切割对丝操作			任务编号			
班级		姓名		组别		日期	

一、明确任务目的

1. 熟悉数控线切割的工件的安装。
2. 了解数控线切割常用丝和冷却液的选用及使用方法。
3. 掌握数控线切割的一般对丝方法及步骤。
4. 了解常用量具的选择和使用方法。
5. 遵守 7S 现场管理的相关规定。

二、引导问题

1. 简述线切割机床面板按键各功用。

2. 线切割加工零件常用的装夹方式有哪几种？

3. 工件装夹时应该注意的问题。

4. 简述对丝操作步骤。

三、引导任务实施

1. 简述数控线切割编程方法。

2. 掌握数控线切割的对丝操作方法。

3. 熟悉常用量具的使用方法。

四、评价

小组讨论设计本小组的学习评价表,相互评价,最后给出小组成员的得分:

任务学习的其他说明或建议:

指导老师评语:

任务执行人签字:

日期: 年 月 日

指导老师签字:

日期: 年 月 日

2.3 职业素养评分表

项目名称			日　期		
姓　　名			组　号		

考核项目		考核内容	自我评价（×10%）	班组评价（×30%）	教师评价（×60%）	得　分
职业素养	纪律（20分）	认真学习,不迟到早退,服从安排,违反一项扣1~3分				
	安全文明生产（20分）	安全着装,按要求操作机床,违反一项扣1~3分				
	职业规范（20分）	爱护设备、量具,实训中工具、量具、刀具摆放整齐,机床加油、清洁。违反一项扣1~3分				
	现场要求（20分）	不玩手机,不大声喧哗,不打闹,课后清扫地面、设备,清理现场。违反一项扣1~3分				
	对丝操作考核（20分）	在规定时间内准确完成对丝操作,根据现场情况扣分				
	人伤械损事故	若出现人伤械损事故,整个项目成绩记0分				
总　　分						
备　注（现场未尽事项记录）						
教师签字			学生签字			

项目三　凸模类零件加工

3.1　任务单

适应专业:数控、机制、模具、机电等机械相关专业				使用班级			
任务名称:凸模类零件加工				任务编号			
班级		姓名		组别		日期	

一、任务描述

1. 按照图4-3-1完成此零件加工前的各项准备工作(检查机床正常运转情况等),毛坯尺寸 90mm×60mm。

2. 按照图4-3-1完成编制线切割加工工序的各项工作(建立工件坐标系、计算节点坐标、绘图、偏移量设置、程序编制、输入程序、选择切削用量、设置切削参数)。

3. 按照图4-3-1依次完成线切割加工的各项工作(操作数控线切割机床、安装校正零件丝、安装调整工件、对丝操作、首件试切、检测零件、调试加工程序等)。

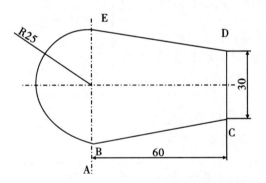

图4-3-1　凸模样板零件加工图

二、相关资料及资源

相关资料:

1. 教材《数控机床操作》。

2. 教学课件。

相关资源:

1. 数控线切割、各种刀具、量具。

2. 教学课件。

3. 阅3.2引导文。

三、任务实施说明

1. 学生分组,每小组 3～5 人。

2. 小组进行任务分析。

3. 资料学习。

4. 现场教学。

5. 小组讨论线切割加工工件时应注意的安全事项及任务的重点难点。

6. 小组合作,进行工件线切割加工操作讲解练习,小组成员补充优化。

7. 角色扮演,分小组进行讲解演示。

8. 完成 3.2 引导文相关内容。

四、注意事项

1. 注意加工时应选择正确的站位和操作手势,密切注意加工情况,随时准备处理突发情况。

2. 注意调整进给修调开关和各参数开关,确保加工稳定,提高工件表面质量。

3. 注意线切割加工后,需用煤油去除切割面的电腐蚀产物。

4. 遇到问题时小组进行讨论,老师可以参与讨论,通过团队合作使问题得到解决。

5. 培养学生遵守 7S 相关规定。

五、知识拓展

1. 通过查找资料等方式,了解数控线切割的加工原理和各切削参数的选择。

2. 查阅资料,了解凸模类零件的加工工艺方法。

任务下发人:

日期: 年 月 日

任务执行人:

日期: 年 月 日

3.2 引导文

适应专业:数控、机制、模具、机电等机械相关专业			使用班级	
任务名称:凸模类零件加工			任务编号	
班 级	姓 名	组别	日 期	

一、明确任务目的

1. 了解和掌握凸模类零件的结构和编程的基本结构。

2. 能合理地选择各切削参数。

3. 掌握各种凸模类零件加工方法。

4. 正确使用量具测量工件。

5. 遵守 7S 现场管理的相关规定。

二、引导问题

1. 在加工过程中遇到哪些问题以及如何解决这些问题?

2. 试分析所加工零件误差产生的原因及消除办法。

三、引导任务实施

1. 根据 3.1 任务单给出的零件图,对零件的加工工艺进行分析。

2. 根据 3.1 任务单给出的零件图,制定加工工艺方案。

3. 根据 3.1 任务单给出的零件图,填写零件加工任务单。

4. 根据 3.1 任务单给出的零件图,编写零件加工程序。

四、评价

小组讨论设计本小组的学习评价表,相互评价,最后给出小组成员的得分:

任务学习的其他说明或建议:

指导老师评语:

任务执行人签字:

日期: 年 月 日

指导老师签字:

日期: 年 月 日

3.3　凸模零件加工材料工具清单

类别	名称	型号	数量	作用
仪器仪表				
工具				
元器件				
软件				

3.4 凸模类零件加工计划表

学习班级				
团队负责人				
团队成员				
序号	内容	人员分工	预计完成时间	实际工作情况记录
1				
2				
3				
4				
5				
6				
学生确认			日期	

3.5　凸模类零件加工程序单

3.6 职业素养评分表

项目名称				日　期			
姓　　名				组　号			
考核项目		考核内容		自我评价 （×10%）	班组评价 （×30%）	教师评价 （×60%）	得分
职业素养	纪律 （20分）	认真学习，不迟到早退，服从安排，违反一项扣1~3分					
	安全文明生产 （20分）	安全着装，按要求操作机床，违反一项扣1~3分					
	职业规范 （20分）	爱护设备、量具，实训中工具、量具、刀具摆放整齐，机床加油、清洁。违反一项扣1~3分					
	现场要求 （20分）	不玩手机，不大声喧哗，不打闹，课后清扫地面、设备，清理现场。违反一项扣1~3分					
	工件加工考核 （20分）	在规定时间内准确完成对刀操作，根据现场情况扣分					
	人伤械损事故	若出现人伤械损事故，整个项目成绩记0分					
总　　分							
备　注 （现场未尽事项记录）							
教师签字				学生签字			

3.7 零件检测评分表

零件名称		工件编号	

<table>
<tr><td rowspan="1">零件图</td><td colspan="3"></td></tr>
</table>

序号	考核项目	配分	评分标准	检测结果	得分
1	60	25	超差 0.01 扣 2 分		
2	30	20	超差 0.02 扣 2 分		
3	R25	10	不合格全扣		
4	表面粗糙度	5	不合格全扣		
5	安全文明生产	按有关规定,每违反一项从总分中扣 1~10 分,发生重大事故取消考试资格			
6	程序编制	①程序要完整,连续加工。②加工中有违反数控工艺,视情况酌情扣分。③扣分不超过 10 分			
7	其他项目	①工件必须完整,工件局部无缺陷（夹伤等）。②扣分不超过 10 分			
8	加工时间	额定时间　　分钟,延时扣分			
9	工件总得分				
10	考试签字　　　　　　　　　　　日期：年 月 日		考评员签字　　　　　　　　　　日期：年 月 日		

项目四　凹模类零件加工

4.1　任务单

适应专业:数控、机制、模具、机电等机械相关专业			使用班级		
任务名称:凹模类零件加工			任务编号		
班 级		姓 名	组 别	日 期	

一、任务描述

1. 按照图 4-4-1 完成此零件加工前的各项准备工作(检查机床正常运转情况等),毛坯尺寸 260mm×180mm。

2. 按照图 4-4-1 完成编制线切割加工工序的各项工作(建立工件坐标系、计算节点坐标、绘图、偏移量设置、程序编制、输入程序、选择切削用量、设置切削参数)。

3. 按照图 4-4-1 依次完成线切割加工的各项工作(操作数控线切割机床、安装校正零件丝、安装调整工件、对丝操作、首件试切、检测零件、调试加工程序等)。

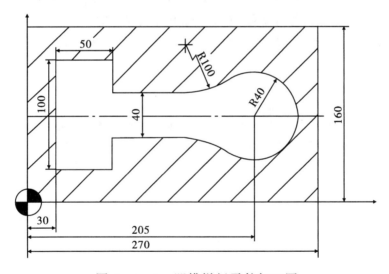

图 4-4-1　凹模样板零件加工图

二、相关资料及资源

相关资料:

1. 教材《数控机床操作》。

2. 教学课件。

相关资源:

1. 数控线切割、各种刀具、量具。

2. 教学课件。

3. 阅 4.2 引导文。

三、任务实施说明

1. 学生分组,每小组 3～5 人。

2. 小组进行任务分析。

3. 资料学习。

4. 现场教学。

5. 小组讨论线切割加工工件时应注意的安全事项及任务的重点难点。

6. 小组合作,进行工件线切割加工操作讲解练习,小组成员补充优化。

7. 角色扮演,分小组进行讲解演示。

8. 完成 4.2 引导文相关内容。

四、注意事项

1. 注意加工时应选择正确的站位和操作手势,密切注意加工情况,随时准备处理突发情况。

2. 注意调整进给修调开关和各参数开关,确保加工稳定,提高工件表面质量。

3. 注意线切割加工后,需用煤油去除切割面的电腐蚀产物。

4. 遇到问题时小组进行讨论,老师可以参与讨论,通过团队合作使问题得到解决。

5. 培养学生遵守 7S 相关规定。

五、知识拓展

1. 通过查找资料等方式,了解数控线切割的加工原理和各切削参数的选择。

2. 查阅资料,了解凹模类零件的加工工艺方法。

任务下发人:	
	日期: 年 月 日
任务执行人:	
	日期: 年 月 日

4.2 引导文

适应专业:数控、机制、模具、机电等机械相关专业		使用班级			
任务名称:凹模类零件加工		任务编号			
班级	姓名		组别	日期	

一、明确任务目的

1. 了解和掌握凹模类零件的结构和编程的基本结构。

2. 能合理地选择各切削参数。

3. 掌握各种凹模类零件加工方法。

4. 正确使用量具测量工件。

5. 遵守 7S 现场管理的相关规定。

二、引导问题

1. 什么是凹模类零件?

2. 凹模类零件加工时,入丝点和退丝点如何选择?

3. 穿丝孔如何设置和加工?

4. 穿丝孔如何找中心?

5. 如何分析凹模类零件的加工误差?

6. 电极丝张紧力如何调整?

7. 加工中短路的原因有哪些?

三、引导任务实施

1. 根据 4.1 任务单给出的零件图,对零件的加工工艺进行分析。

2. 根据 4.1 任务单给出的零件图,制定加工工艺方案。

3. 根据 4.1 任务单给出的零件图,填写零件加工任务单。

4. 根据 4.1 任务单给出的零件图,编写零件加工程序。

四、评价

小组讨论设计本小组的学习评价表,相互评价,最后给出小组成员的得分:

任务学习的其他说明或建议:

指导老师评语:

任务执行人签字:

日期: 年 月 日

指导老师签字:

日期: 年 月 日

4.3 凹模零件加工材料工具清单

类别	名称	型号	数量	作用
仪器仪表				
工具				
元器件				
软件				

4.4 凹模类零件加工计划表

学习班级	
团队负责人	
团队成员	

序号	内容	人员分工	预计完成时间	实际工作情况记录
1				
2				
3				
4				
5				
6				
学生确认			日期	

4.5 凹模类零件加工程序单

4.6 职业素养评分表

项目名称			日　期	
姓　　名			组　号	

	考核项目	考核内容	自我评价 （×10%）	班组评价 （×30%）	教师评价 （×60%）	得 分
职业素养	纪律 （20分）	认真学习,不迟到早退,服从安排,违反一项扣1~3分				
	安全文明生产 （20分）	安全着装,按要求操作机床,违反一项扣1~3分				
	职业规范 （20分）	爱护设备、量具,实训中工具、量具、刀具摆放整齐,机床加油、清洁。违反一项扣1~3分				
	现场要求 （20分）	不玩手机,不大声喧哗,不打闹,课后清扫地面、设备,清理现场。违反一项扣1~3分				
	工件加工考核 （20分）	在规定时间内准确完成对刀操作,根据现场情况扣分				
	人伤械损事故	若出现人伤械损事故,整个项目成绩记0分				
		总　　分				
备　注 （现场未尽事项记录）						
教师签字			学生签字			

4.7 零件检测评分表

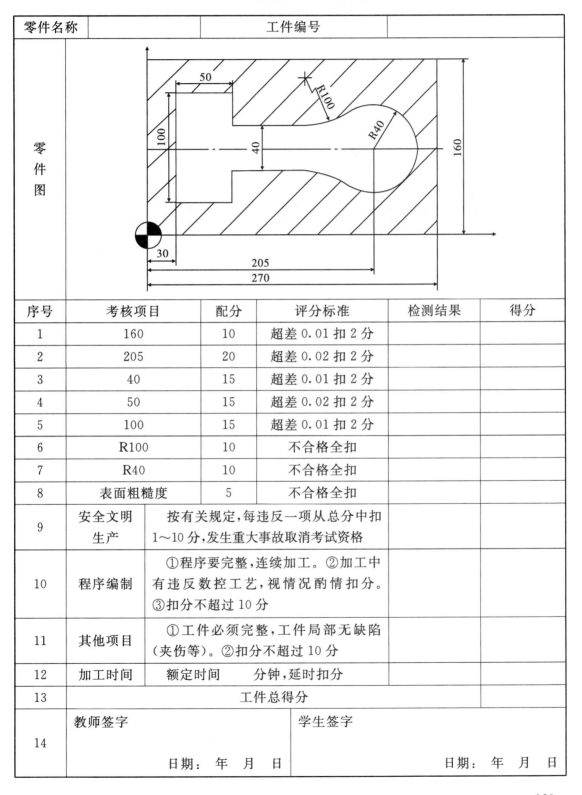

零件名称			工件编号			

序号	考核项目		配分	评分标准	检测结果	得分
1	160		10	超差 0.01 扣 2 分		
2	205		20	超差 0.02 扣 2 分		
3	40		15	超差 0.01 扣 2 分		
4	50		15	超差 0.02 扣 2 分		
5	100		15	超差 0.01 扣 2 分		
6	R100		10	不合格全扣		
7	R40		10	不合格全扣		
8	表面粗糙度		5	不合格全扣		
9	安全文明生产		按有关规定,每违反一项从总分中扣 1~10 分,发生重大事故取消考试资格			
10	程序编制		①程序要完整,连续加工。②加工中有违反数控工艺,视情况酌情扣分。③扣分不超过 10 分			
11	其他项目		①工件必须完整,工件局部无缺陷(夹伤等)。②扣分不超过 10 分			
12	加工时间		额定时间　　　分钟,延时扣分			
13	工件总得分					
14	教师签字　　　　　　　　　　　日期:　年　月　日			学生签字　　　　　　　　　　　日期:　年　月　日		

第5篇　数控电火花

项目一 数控电火花基本知识

1.1 任务单

适用专业:数控、机制、模具、机电等机械相关专业		使用班级	
任务名称:数控电火花基本知识		任务编号	
班 级	姓 名	组 别	日 期

一、任务描述

1. 了解数控实训中心的规章制度及数控线切割操作规程。

2. 了解数控电火花相关知识及维护保养。

3. 掌握数控电火花切割的基本操作及工量具的使用方法。

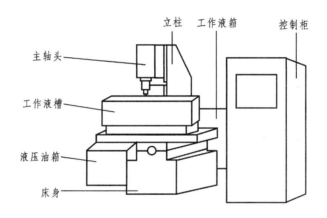

图 5-1-1 数控电火花机床结构

二、相关资料及资源

相关资料:

1. 教材《数控机床操作》。

2. 教学课件。

相关资源:

1. 数控电火花。

2. 教学课件。

三、任务实训说明

1. 学生分组,每小组 3～5 人。

2. 小组进行任务分析。

3. 查阅资料。

4. 现场教学。

5. 小组讨论数控电火花操作时应注意的安全事项及任务的重点难点。

6. 小组合作,进行数控电火花操作讲解练习,小组成员补充优化。

7. 角色扮演,分小组进行讲解演示。

8. 完成数控电火花基本操作及引导相关内容的填写。

四、注意事项

1. 注意观察数控电火花的结构和工作原理。

2. 注意掌握数控电火花的各键功能和操作方法。

3. 注意安全文明操作。

4. 遇到问题时小组进行讨论,老师可以参与讨论,通过团队合作使问题得到解决。

5. 注意对数控电火花的日常维护和保养。

6. 培养学生遵守 7S 相关规定。

五、知识拓展

1. 通过查找资料等方式,了解数控电火花切割的种类、加工范围以及发展现状。

2. 查阅资料,了解除数控点切割以外的其他数控设备。

任务下发人:
日期: 年 月 日
任务执行人:
日期: 年 月 日

1.2 引导文

适用专业：数控、机制、模具、机电等机械相关专业				使用班级		
任务名称：数控电火花基本知识				任务编号		
班 级		姓 名		组 别	日 期	

一、明确任务目的

1. 熟悉数控电火花的操作规程。
2. 了解实训的数控机床所采用的数控系统功能。
3. 熟悉数控电火花的操作面板、控制面板和软件功能，能够进行简单的手动操作。
4. 掌握数控电火花基本操作。
5. 熟悉数控电火花的日常维护和保养。
6. 遵守 7S 现场管理的相关规定。

二、引导问题

1. 数控电火花机床用途有哪些？

2. 对安全文明生产的认识情况。

3. 机床润滑保养是否有必要？具体措施有哪些？

4. 简述程序建立和删除步骤。

三、引导任务实施

1. 阐述数控电火花的加工原理。

2. 阐述数控电火花的结构组成及各部位的功用。

3. 掌握数控电火花的分类有哪些？

4. 数控电火花的性能特点有哪些？

5. 简述数控电火花的机床参数。

6. 熟悉数控电火花的操作规程及日常维护保养。

四、评价

小组讨论设计本小组学习评价表,相互评价,最后给出小组成员的得分:

任务学习的其他说明或建议:

指导老师评语:

任务执行人签字:

日期: 年 月 日

指导老师签字:

日期: 年 月 日

1.3 职业素养评分表

项目名称			日　　期			
姓　　名			组　　号			
	考核项目	考核内容	自我评价 (×30%)	班组评价 (×10%)	教师评价 (×10%)	得分
职业素养	纪律 (20分)	认真学习,不迟到早退,服从安排,违反一项扣1~3分				
	安全文明生产 (20分)	安全着装,按要求操作机床、违反一项扣1~3分				
	职业规范 (20分)	爱护设备、量具,实训中工具、量具、刀具摆放整齐,机床加油、清洁。违反一项扣1~3分				
	现场要求 (20分)	不玩手机,不大声喧哗,不打闹,课后清扫地面、设备,清理现场。违反一项扣1~3分				
	任务掌握 (20分)	对任务进行认知考核,错误一次扣1~3分				
	人伤械损 (20分)	若出现人伤械损事故,整个项目成绩记0分				
总　　分						
备　　注 (现场未尽事项记录)						
教师签字			学生签字			

项目二　数控电火花机床基本操作

2.1　任务单

适用专业:数控、机制、模具、机电等机械相关专业		使用班级	
任务名称:数控电火花基本操作		任务编号	

班 级		姓 名		组 别		日 期	

一、任务描述

1. 熟练操作电火花机床的界面各功用。

2. 熟练掌握数控电火花工件的装夹方法。

3. 能够独立地对丝,进行参数计算以及半径补偿参数的设置和验证。

4. 能够熟练地进行程序输入点编辑以及自动加工等操作。

二、相关资料及资源

相关资料:

1. 教材《数控机床操作》。

2. 教学课件。

相关资源:

1. 数控电火花。

2. 教学课件。

三、任务实施说明

1. 学生分组,每小组 3～5 人。

2. 小组进行任务分析。

3. 查阅资料。

4. 现场教学

5. 小组讨论数控电火花电极找正时应注意的安全事项及任务的重点难点。

6. 小组合作,进行数控电火花电极找正操作讲解练习,小组成员补充优化。

7. 完成引导文相关内容。

四、注意事项

1. 注意操作前必须确定掌握机床的坐标方向以及确定机床无任何故障。

2. 注意加工电参数一定要准确输入,确保与所加工工作相匹配。

3. 遇到问题时小组进行讨论,老师可以参与讨论,通过团队合作使问题得到解决。

4. 注意对数控电火花的日常维护和保养。

5. 培养学生遵守 7S 相关规定。

五、知识拓展

查阅资料，了解电极制作的方法。

任务下发人：	
	日期： 年　月　日
任务执行人：	
	日期： 年　月　日

2.2 引导文

适用专业:数控、机制、模具、机电等机械相关专业			使用班级	
任务名称:数控电火花基本知识			任务编号	
班 级		姓 名	组 别	日 期

一、明确任务目的

1. 熟悉数控电火花的工件安装。
2. 了解数控电火花电极制作。
3. 掌握电火花参数的确定。
4. 遵守 7S 现场管理的相关规定。

二、引导问题

1. 简述电火花机床面板按键各功用。

2. 电火花加工零件常用的装夹方式有哪几种?

3. 工件电极装夹时应该注意的问题有哪些?

三、引导任务实施

1. 简述数控电火花电规准的制定。

2. 掌握数控电火花电极的制作方法。

3. 熟悉常用量具的使用方法。

四、评价

小组讨论设计本小组的学习评价表,相互评价,最后给出小组成员得分:

任务学习的其他说明或建议:

指导老师评语:

任务执行人签字:

日期: 年 月 日

指导老师签字:

日期: 年 月 日

2.3 职业素养评分表

项目名称			日 期			
姓 名			组 号			
职业素养	考核项目	考核内容	自我评价 （×30％）	班组评价 （×10％）	教师评价 （×10％）	得 分
	纪律 （20分）	认真学习，不迟到早退，服从安排，违反一项扣1～3分				
	安全文明生产 （20分）	安全着装，按要求操作机床、违反一项扣1～3分				
	职业规范 （20分）	爱护设备、量具，实训中工具、量具、刀具摆放整齐，机床加油、清洁。违反一项扣1～3分				
	现场要求 （20分）	不玩手机，不大声喧哗，不打闹，课后清扫地面、设备，清理现场。违反一项扣1～3分				
	任务掌握 （20分）	对任务进行认知考核，错误一次扣1～3分				
	人伤械损 （20分）	若出现人伤械损事故，整个项目成绩记0分				
总 分						
备 注 （现场未尽事项记录）						
教师签字			学生签字			

项目三 数控电火花成形加工综合实例 I

3.1 任务单

适应专业:数控、模具、机电等相关专业			使用班级	
任务名称:型腔类加工零件			任务编号	
班 级	姓 名	组 别	日 期	

一、任务描述

1. 按照图 5-3-1 完成此零件加工前的各项准备工作(检查机床正常运转情况等),毛胚尺寸 90mm×60mm。

2. 按照图 5-3-1 完成各项工作(基准点、电参数的确定)。

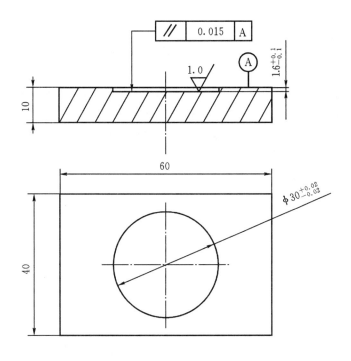

图 5-3-1

二、相关资料及资源

相关资料:

1. 教材《数控机床操作》。

2. 教学课件。

相关资源:

1. 数控电火花、各种刀具、量具。

2. 教学课件。

3. 阅 3.2 引文。

三、任务实施说明

1. 学生分组,每小组 3~5 人。

2. 小组进行任务分析。

3. 资料学习。

4. 现场教学。

5. 小组讨论电火花加工工件时应注意的安全事项及任务的重点难点。

6. 小组合作,进行工件电火花加工操作讲解练习,小组成员补充优化。

7. 角色扮演,分小组进行讲解演示。

8. 完成 3.2 引导文相关内容。

四、注意事项

1. 注意加工时应选择正确的站位和操作手势,密切注意加工情况,随时准备处理突发情况。

2. 注意调整进给修调开关和参数开关,确保加工稳定,提高工件表面质量。

3. 注意电火花加工后,需用煤油去除切割面的电腐蚀产物。

4. 遇到问题时小组进行讨论,老师可以参与讨论,通过团队合作使问题得到解决。

5. 培养学生遵守 7S 相关规定。

五、知识拓展

1. 通过查找资料等方式,了解数控电火花的加工原理和各切削参数的选择。

2. 查阅资料,了解型腔类零件的加工工艺方法。

任务下发人:	
	日期: 年 月 日
任务执行人:	
	日期: 年 月 日

3.2 引导文

适应专业:数控、机制、模具、机电等机械相关专业			使用班级			
任务名称:型腔类零件加工			任务编号			
班 级		姓 名		组 别	日 期	

一、明确任务目的

1. 了解和掌握型腔类零件的结构和编程的基本结构。

2. 能合理地选择各切削参数。

3. 掌握各种模具零件加工方法。

4. 正确使用量具测量工件。

5. 遵守 7S 现场管理的相关规定。

二、引导问题

1. 在加工过程中遇到哪些问题以及如何解决这些问题?

2. 试分析所加工零件误差产生的原因及消除办法。

三、引导任务实施

1. 根据 3.1 任务单给出的零件图,对零件的加工工艺进行分析。

2. 根据 3.1 任务单给出的零件图,制定加工工艺方案。

3. 根据 3.1 任务单给出的零件图,填写零件加工任务单。

4. 根据 3.1 任务单给出合理的电参数。

四、评价

小组讨论设计本小组的学习评价表,相互评价,最后给出小组成员的得分:

任务学习的其他说明建议:

指导老师评语:

任务执行人签字:

日期:　年　月　日

指导老师签字:

日期:　年　月　日

3.3 型腔类零件加工材料工具清单

类别	名称	型号	数量	作用
仪器仪表				
工具				
元器件				
软件				

3.4　型腔类零件加工计划表

学习班级	
团队负责人	
团队成员	

序号	内容	人员分工	预计完成时间	实际工作情况记录
1				
2				
3				
4				
5				
6				
学生签字			日期	

3.5　型腔类零件加工程序单

3.6 职业素养评分表

项目名称				日 期		
姓 名				组 号		

	考核项目	考核内容	自我评价（10%）	班组评价（30%）	教师评价（60%）	得分
职业素养	纪律（20分）	认真学习,不迟到早退,服从安排,违反一项扣1~3分				
	安全文明（20分）	安全着装,按要求操作机床,违反一项扣1~3分				
	职业规范（20分）	爱护设备、量具,实训中工具、量具、刀具摆放整齐,机床加油、清洁。违反一项扣1~3分				
	现场要求（20分）	不玩手机,不大声喧哗,不打闹,课后清扫地面、设备,清理现场。违反一项扣1~3分				
	工件加工考核（20分）	在规定时间内准确完成电极找正操作,根据现场情况扣分				
	人伤械损事故	若出现人伤械损事故,整个项目成绩记0分				
	总 分					
备 注（现场未尽事项记录）						
教师签字				学生签字		

3.7 零件检测评分表

零件名称		工件编号			
零件图	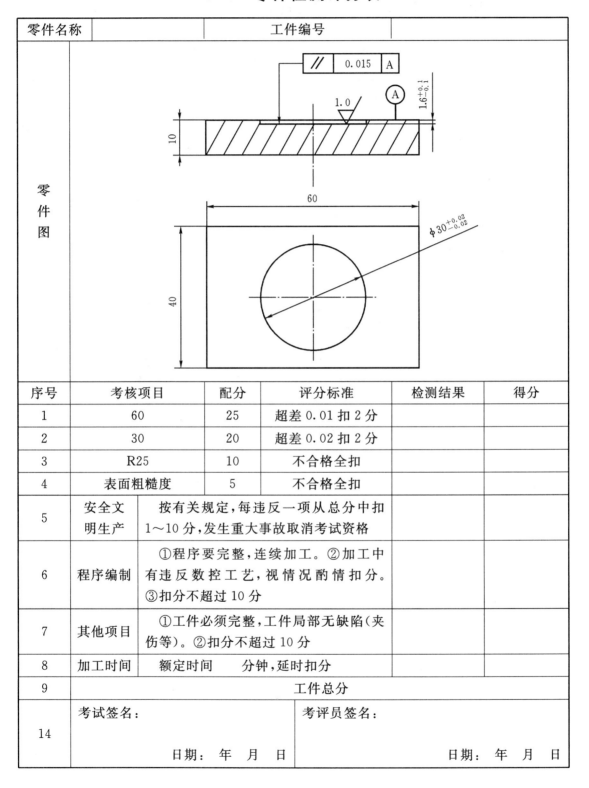				
序号	考核项目	配分	评分标准	检测结果	得分
1	60	25	超差0.01扣2分		
2	30	20	超差0.02扣2分		
3	R25	10	不合格全扣		
4	表面粗糙度	5	不合格全扣		
5	安全文明生产	按有关规定,每违反一项从总分中扣1~10分,发生重大事故取消考试资格			
6	程序编制	①程序要完整,连续加工。②加工中有违反数控工艺,视情况酌情扣分。③扣分不超过10分			
7	其他项目	①工件必须完整,工件局部无缺陷(夹伤等)。②扣分不超过10分			
8	加工时间	额定时间 分钟,延时扣分			
9	工件总分				
14	考试签名: 日期: 年 月 日		考评员签名: 日期: 年 月 日		

项目四　数控电火花成形加工综合实例Ⅱ

4.1　任务单

适应专业:数控、机制、模具、机电等相关专业				使用班级	
任务名称:凸台类零件加工				任务编号	
班级		姓名		组别		日期	

一、任务描述

1. 按照图5-4-1完成此零件加工前的各项准备工作(检查机床正常运转情况等)毛胚尺寸260mm×180mm。

2. 按照图5-4-1完成各项工作(基准点、电参数的确定)。

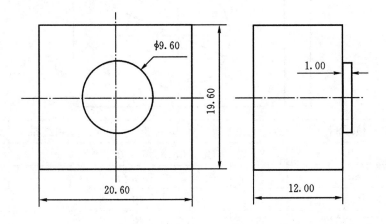

图5-4-1　五轴加工中心机床结构

二、相关资料及资源

相关资料:

1. 教材《数控机床操作》。

2. 教学课件。

相关资源:

1. 数控电火花、各种刀具、量具。

2. 教学课件。

3. 阅4.2引文。

三、任务实施说明

1. 学生分组,每小组 3～5 人。
2. 小组进行任务分析。
3. 资料学习。
4. 现场教学。
5. 小组讨论电火花加工工件时应注意的安全事项及任务的重点难点。
6. 小组合作,进行工件电火花加工操作讲解练习,小组成员补充优化。
7. 角色扮演,分小组进行讲解演示。
8. 完成 4.2 引导文相关内容。

四、注意事项

1. 注意加工时应选择正确的站位和操作手势,密切注意加工情况,随时准备处理突发情况。
2. 注意调整进给修调开关和参数开关,确保加工稳定,提高工件表面质量。
3. 注意电火花加工后,需用煤油去除切割面的电腐蚀产物。
4. 遇到问题时小组进行讨论,老师可以参与讨论,通过团队合作使问题得到解决。
5. 培养学生遵守 7S 相关规定。

五、知识拓展

1. 通过查找资料等方式,了解数控电火花的加工原理和各切削参数的选择。

2. 查阅资料,了解综合类零件的加工工艺方法。

任务下发人:	
	日期: 年 月 日
任务执行人:	
	日期: 年 月 日

4.2 引导文

适应专业:数控、机制、模具、机电等机械相关专业				使用班级		
任务名称:凸台类零件加工				任务编号		
班 级		姓 名		组 别	日 期	

一、明确任务目的

1. 了解和掌握综合类零件的结构和编程的基本结构。

2. 能够合理地选择各切削参数。

3. 掌握各种模具零件加工方法。

4. 正确使用量具测量工件。

5. 遵守 7S 现场管理的相关规定。

二、引导问题

1. 在加工过程中遇到哪些问题以及如何解决这些问题?

2. 分析电极的设计与制造方法。

3. 试述电规准的选择与转换。

三、引导任务实施

1. 根据 4.1 任务单给出的零件图,对零件的加工工艺进行分析。

2. 根据 4.1 任务单给出的零件图,制定加工工艺方案。

3. 根据 4.1 任务单给出的零件图,填写零件加工任务单。

4. 根据 4.1 任务单给出合理的电参数。

四、评价

小组讨论设计本小组的学习评价表,相互评价,最后给出小组成员的得分:

任务学习的其他说明或建议:

指导老师评语:

任务执行人签字:

日期: 年 月 日

指导老师签字:

日期: 年 月 日

4.3 综合类零件加工材料工具清单

类别	名称	型号	数量	作用
仪器仪表				
工具				
元器件				
软件				

4.4　综合类零件加工计划表

学习班级				
团队负责人				
团队成员				
序号	内容	人员分工	预计完成时间	实际工作情况记录
1				
2				
3				
4				
5				
6				
学生签字			日期	

4.5 综合类零件加工程序单

4.6 职业素养评分表

项目名称			日　期			
姓　　名			组　号			

	考核项目	考核内容	自我评价（10%）	班组评价（30%）	教师评价（60%）	得分
职业素养	纪律（20分）	认真学习,不迟到早退,服从安排,违反一项扣1～3分				
	安全文明（20分）	安全着装,按要求操作机床,违反一项扣1～3分				
	职业规范（20分）	爱护设备、量具,实训中工具、量具、刀具摆放整齐,机床加油、清洁。违反一项扣1～3分				
	现场要求（20分）	不玩手机,不大声喧哗,不打闹,课后清扫地面、设备,清理现场。违反一项扣1～3分				
	工件加工考核（20分）	在规定时间内准确完成电极找正操作,根据现场情况扣分				
	人伤械损事故	若出现人伤械损事故,整个项目成绩记0分				
总　　分						
备　注（现场未尽事项记录）						
教师签字			学生签字			

4.7 零件检测评分表

零件名称				工件编号		

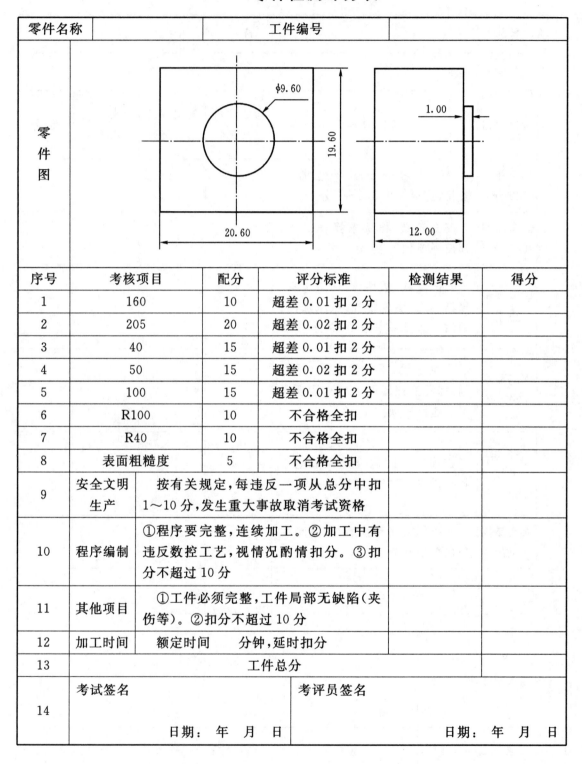

序号	考核项目		配分	评分标准	检测结果	得分
1	160		10	超差0.01扣2分		
2	205		20	超差0.02扣2分		
3	40		15	超差0.01扣2分		
4	50		15	超差0.02扣2分		
5	100		15	超差0.01扣2分		
6	R100		10	不合格全扣		
7	R40		10	不合格全扣		
8	表面粗糙度		5	不合格全扣		
9	安全文明生产		按有关规定,每违反一项从总分中扣1~10分,发生重大事故取消考试资格			
10	程序编制		①程序要完整,连续加工。②加工中有违反数控工艺,视情况酌情扣分。③扣分不超过10分			
11	其他项目		①工件必须完整,工件局部无缺陷(夹伤等)。②扣分不超过10分			
12	加工时间		额定时间　　分钟,延时扣分			
13	工件总分					
14	考试签名　　　　　　　　　　日期:　年　月　日			考评员签名　　　　　　　　　　日期:　年　月　日		

第 6 篇　三坐标测量机

项目一　三坐标测量机基本知识

1.1　任务单

适用专业:数控、机制、模具、机电等机械相关专业			使用班级	
任务名称:三坐标测量机基本知识			任务编号	
班级		姓名	组别	日期

一、任务描述

1. 了解数控实训中心的规章制度及三坐标测量机操作规程。

2. 了解三坐标测量机的相关知识及维护保养。

3. 掌握三坐标测量机的基本操作及工量具的使用方法。

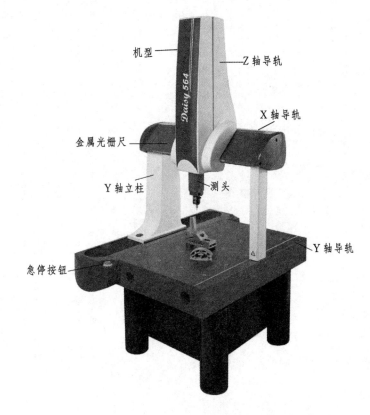

图 6-1-1　三坐标测量机结构

二、相关资料及资源

相关资料：

1. 教材《数控机床操作》。

2. 教学课件。

相关资源：

1. 三坐标测量机。

2. 教学课件。

三、任务实训说明

1. 学生分组，每小组 35 人。

2. 小组进行任务分析。

3. 查阅资料。

4. 现场教学。

5. 小组讨论三坐标测量机操作时应注意的安全事项及任务的重点难点。

6. 小组合作，进行三坐标测量机操作讲解练习，小组成员补充优化。

7. 角色扮演，分小组进行讲解演示。

8. 完成三坐标测量机基本操作及引导相关内容的填写。

四、注意事项

1. 注意观察三坐标测量机的结构和工作原理。

2. 注意掌握三坐标测量机的各功能和操作方法。

3. 注意安全文明操作。

4. 遇到问题时小组进行讨论，老师可以参与讨论，通过团队合作使问题得到解决。

5. 注意对三坐标测量机的日常维护和保养。

6. 培养学生遵守 7S 相关规定。

五、知识拓展

1. 通过查找资料等方式，了解三坐标测量机的种类、测量范围以及发展现状。

2. 查阅资料，了解除 MQ686 以外的其他三坐标测量机设备。

任务下发人：
日期： 年 月 日

任务执行人：
日期： 年 月 日

1.2　引导文

适用专业:数控、机制、模具、机电等机械相关专业			使用班级	
任务名称:三坐标测量机的基本知识			任务编号	
班　级		姓　名	组　别	日　期

一、明确任务目的

1. 熟悉三坐标测量机的操作规程。

2. 了解实训的三坐标测量机所采用的数控系统功能。

3. 熟悉三坐标测量机的操作面板和软件功能,能够进行简单的手动操作。

4. 掌握三坐标测量机基本操作。

5. 熟悉三坐标测量机的日常维护和保养。

6. 遵守 7S 现场管理的相关规定。

二、引导问题

1. 三坐标测量机的用途?

2. 对三坐标测量机的认识情况。

3. 机床保养是否有必要? 具体措施有哪些?

4. 简述 7S 现场管理的相关规定。

三、引导任务实施

1. 阐述三坐标测量机的工作原理。

2. 阐述三坐标测量机的结构组成及各部位的功用。

3. 掌握三坐标测量机的分类有哪些?

4. 三坐标测量机的性能特点有哪些?

5. 简述三坐标测量机的机床参数。

6. 熟悉三坐标测量机的操作规程及日常维护保养。

四、评价

小组讨论设计本小组学习评价表,相互评价,最后给出小组成员的得分:

任务学习的其他说明或建议:

指导老师评语:

任务执行人签字:

日期:　年　月　日

指导老师签字:

日期:　年　月　日

1.3 职业素养评分表

项目名称				日　期		
姓　　名				组　号		

职业素养	考核项目	考核内容	自我评价（×30%）	班组评价（×10%）	教师评价（×10%）	得　分
职业素养	纪律（20分）	认真学习，不迟到早退，服从安排，违反一项扣1~3分				
	安全文明生产（20分）	安全着装，按要求操作机床、违反一项扣1~3分				
	职业规范（20分）	爱护设备、量具，实训中工具、量具、摆放整齐，机床清洁。违反一项扣1~3分				
	现场要求（20分）	不玩手机，不大声喧哗，不打闹，课后清扫地面、设备，清理现场。违反一项扣1~3分				
	任务掌握（20分）	对任务进行认知考核，错误一次扣1~3分				
	人伤械损事故（20分）	若出现人伤械损事故，整个项目成绩记0分				
总　分						

备　注（现场未尽事项记录）	
教师签字	学生签字

项目二　三坐标测量机基本操作

2.1　任务单

适用专业:数控、机制、模具、机电等机械相关专业				使用班级	
任务名称:三坐标测量机基本操作				任务编号	
班　级		姓　名		组　别		日　期	

一、任务描述

1. 熟练操作三坐标测量机的界面各功用。

2. 熟练掌握三坐标测量机测量工件的方法。

3. 能够独立地校正,进行参数计算设置和验证。

二、相关资料及资源

相关资料:

1. 教材《数控机床操作》。

2. 教学课件。

相关资源:

1. 三坐标测量机。

2. 教学课件。

三、任务实施说明

1. 小组进行任务分析查阅资料。

2. 现场教学。

3. 小组讨论三坐标测量机开机和关机时应注意的安全事项及任务的重点难点。

4. 小组合作,进行三坐标测量机测头的角度及校正操作讲解练习,小组成员补充优化。

5. 角色扮演,分小组进行演讲演示。

6. 完成引导文相关内容。

四、注意事项

1. 注意操作前必须确定掌握机床的坐标方向以及确定机床无任何故障。

2. 注意参数一定要准确输入,确保与所测量的工作相匹配。

3. 遇到问题时小组进行讨论,老师可以参与讨论,通过团队合作使问题得到解决。

4. 注意对三坐标测量机的日常维护和保养。

5. 培养学生遵守 7S 相关规定。

五、知识拓展

查阅资料,了解测头的相关知识。

任务下发人:
日期: 年 月 日
任务执行人:
日期: 年 月 日

2.2 引导文

适用专业:数控、机制、模具、机电等机械相关专业			使用班级			
任务名称:三坐标测量机基本操作			任务编号			
班级		姓名		组别	日 期	

一、明确任务目的

1. 熟悉三坐标测量机的工件安装。
2. 掌握三坐标测量机测头的校正。
3. 掌握三坐标测量机参数的确定。
4. 遵守7S现场管理的相关规定。

二、引导问题

1. 简述三坐标测量机机床操作面板按键各功用。

2. 三坐标测量机测量零件常用的装夹方式有哪几种?

3. 三坐标测量机测量时应该注意的问题。

三、引导任务实施

1. 简述三坐标测量机测头角度的分类。

2. 掌握三坐标测量机参数的设定。

3. 掌握建立坐标系的方法。

四、评价

小组讨论设计本小组的学习评价表,相互评价,最后给出小组成员得分:

任务学习的其他说明或建议:

指导老师评语:

任务执行人签字:

日期: 年 月 日

指导老师签字:

日期: 年 月 日

2.3 职业素养评分表

项目名称				日　　期			
姓　　名				组　　号			
	考核项目	考核内容		自我评价（×30%）	班组评价（×10%）	教师评价（×10%）	得　分
职业素养	纪律（20分）	认真学习，不迟到早退，服从安排，违反一项扣1～3分					
	安全文明生产（20分）	安全着装，按要求操作机床、违反一项扣1～3分					
	职业规范（20分）	爱护设备、量具，实训中工具、量具、摆放整齐，机床清洁。违反一项扣1～3分					
	现场要求（20分）	不玩手机，不大声喧哗，不打闹，课后清扫地面、设备，清理现场。违反一项扣1～3分					
	任务掌握（20分）	对任务进行认知考核，错误一次扣1～3分					
	人伤械损（20分）	若出现人伤械损事故，整个项目成绩记0分					
		总　　分					
备　注（现场未尽事项记录）							
教师签字				学生签字			

项目三　三坐标测量机测量综合实例Ⅰ

3.1　任务单

适应专业:数控、模具、机电等相关专业			使用班级		
任务名称:三坐标测量机测量综合实例1			任务编号		
班　级		姓　名	组　别	日　期	

一、任务描述

给定如图6-3-1的工件如何求中心距离?

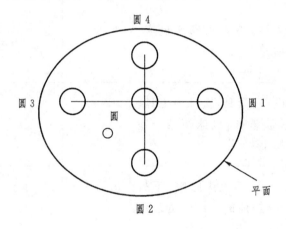

圆4
圆3　圆　圆1
圆2
平面

图6-3-1

二、相关资料及资源

相关资料:

1. 教材《数控机床操作》。

2. 教学课件。

相关资源:

1. 三坐标测量、各种工件、量具。

2. 教学课件。

3. 阅3.2引文。

三、任务实施说明

1. 学生分组,每小组3~5人。

2. 小组进行任务分析。

3. 资料学习。

4. 现场教学。

5. 小组讨论三坐标测量机测量工件时应注意的安全事项及任务的重点难点。

6. 小组合作,进行三坐标测量操作讲解练习,小组成员补充优化。

7. 角色扮演,分小组进行讲解演示。

四、注意事项

1. 注意测量时应选择正确的站位和操作手势,密切注意测量情况,随时准备处理突发情况。

2. 注意调整参数,确保测量稳定,提高测量工件质量。

3. 注意测量后,需用清理现场卫生。

4. 遇到问题时小组进行讨论,老师可以参与讨论,通过团队合作使问题得到解决。

5. 培养学生遵守 7S 相关规定。

五、知识拓展

1. 通过查找资料等方式,了解如何求中心距离的测量原理和各参数的选择。

2. 查阅资料,了解如何求各种距离的方法

任务下发人:	
	日期: 年 月 日
任务执行人:	
	日期: 年 月 日

3.2 综合类零件测量计划表

学习班级				
团队负责人				
团队成员				
序号	内容	人员分工	预计完成时间	实际工作情况记录
1				
2				
3				
4				
5				
6				
学生签字			日期	

3.3 职业素养评分表

项目名称			日 期			
姓 名			组 号			
	考核项目	考核内容	自我评价（10%）	班组评价（30%）	教师评价（60%）	得 分
职业素养	纪律（20分）	认真学习,不迟到早退,服从安排,违反一项扣1～3分				
	安全文明（20分）	安全着装,按要求操作机床,违反一项扣1～3分				
	职业规范（20分）	爱护设备、量具,实训中工具、量具、摆放整齐,机床清洁。违反一项扣1～3分				
	现场要求（20分）	不玩手机,不大声喧哗,不打闹,课后清扫地面、设备,清理现场。违反一项扣1～3分				
	工件加工考核（20分）	在规定时间内准确完成对刀操作,根据现场情况扣分				
	人伤械损事故	若出现人伤械损事故,整个项目成绩记0分				
	总 分					
备 注（现场未尽事项记录）						
教师签字			学生签字			

项目四　三坐标测量机测量综合实例Ⅱ

4.1　任务单

适应专业:数控、机制、模具、机电等相关专业			使用班级	
任务名称:三坐标测量机测量综合实例2			任务编号	
班　级		姓　名	组　别	日　期

一、任务描述

1. 按照图6-4-1建立坐标系求斜孔中心点到端面相交线的距离。

2. 按照图6-4-1完成各项工作。

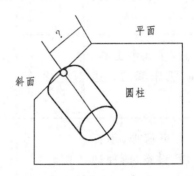

图6-4-1

二、相关资料及资源

相关资料:

1. 教材《数控机床操作》。

2. 教学课件。

相关资源:

1. 三坐标测量仪、各种刀具、量具。

2. 教学课件。

3. 阅4.2引文。

三、任务实施说明

1. 学生分组,每小组3～5人。

2. 小组进行任务分析。

3. 资料学习。

4. 现场教学。

5. 小组讨论三坐标测量仪测量工件时应注意的安全事项及任务的重点难点。

6. 小组合作,进行工件测量操作讲解练习,小组成员补充优化。

7. 角色扮演,分小组进行讲解演示。

四、注意事项

1. 注意测量时应选择正确的站位和操作手势,密切注意测量情况,随时准备处理突发情况。

2. 注意调整参数开关,确保测量稳定,提高测量工件质量。

3. 注意测量后,需用清理现场卫生。

4. 问题小组进行论,老师可以参与讨论,通过团队合作使问题得到解决。

5. 培养学生遵守 7S 相关规定。

五、知识拓展

1. 通过查找资料等方式,了解三坐标测量仪。

2. 查阅资料,了解如何求斜孔中心点到端面相交线的距离。

任务下发人:	
	日期: 年 月 日
任务执行人:	
	日期: 年 月 日

4.2 综合类零件测量计划表

序号	内容	人员分工	预计完成时间	实际工作情况记录
学习班级				
团队负责人				
团队成员				
1				
2				
3				
4				
5				
6				
学生签字			日期	

4.3 职业素养评分表

项目名称			日 期			
姓 名			组 号			
	考核项目	考核内容	自我评价（10％）	班组评价（30％）	教师评价（60％）	得 分
职业素养	纪律（20分）	认真学习，不迟到早退，服从安排，违反一项扣1～3分				
	安全文明（20分）	安全着装，按要求操作机床，违反一项扣1～3分				
	职业规范（20分）	爱护设备、量具，实训中工具、量具摆放整齐，机床清洁。违反一项扣1～3分				
	现场要求（20分）	不玩手机，不大声喧哗，不打闹，课后清扫地面、设备，清理现场。违反一项扣1～3分				
	工件加工考核（20分）	在规定时间内准确完成对刀操作，根据现场情况扣分				
	人伤械损事故	若出现人伤械损事故，整个项目成绩记0分				
	总 分					
备 注（现场未尽事项记录）						
教师签字			学生签字			

附表Ⅰ 数控实训中心 7S 检查评分标准

项目	项目内容及要求	基本分	实得分
整理	1. 工具柜上除摆放少量检测及维修工具外,不得摆放其他物品	2	
	2. 使用完后的工具、量具、辅具等要随时放回工具柜内,并按安置图要求摆放整齐	2	
	3. 保证安全通道畅通,无物品堆放	3	
	4. 实训室内所有安全、文明、警示标识牌完好无损,无脏痕和油污	3	
	5. 及时更换看板内容及实训室 7S 考核检查情况表	3	
整顿	1. 电器开关箱内外整洁,无乱打乱接现象	3	
	2. 电器开关箱有明确标识,并关好电器开关箱门	3	
	3. 工、量具、检测仪器要归类摆放整齐,不随意摆放	5	
	4. 垃圾及时放入指定的箱内,并妥善管理	2	
	5. 工具柜门要随时关闭好,保持整齐	2	
清扫	1. 每班下课前清扫地面,讲桌区桌椅摆放整齐	3	
	2. 每班下课前清扫设备,设备整洁无铁削、油污	3	
	3. 卫生清扫工具摆放在规定位置,并摆放整齐,无乱放现象	3	
	4. 废料头及其他垃圾及时清理出实训室,集中堆放,无乱扔乱放现象	3	
清洁	1. 经常保持实训室地面干净整洁,不随意乱扔纸屑、生活垃圾等		
	2. 实训室墙壁、玻璃、门窗整洁,无脏痕、油污		
	3. 保持实训室物品摆放整齐,无桌椅乱放现象		
	4. 无私人物品(工作服、包、书、伞、水瓶等)乱放现象		
	5. 机床、控制台、资料柜清洁整齐,无杂乱现象		
安全	1. 学生进入实训室进行实训操作时必须按要求穿戴好实训服,未按要求着装不得进入实训室,女生必须戴好工作帽	5	
	2. 不准戴手套操作机床	2	
	3. 严格按照老师的要求进行操作,不在实训室内嬉笑打闹	5	
	4. 每班下课时切断所有电源,关好实训室门窗	3	

项目	项目内容及要求	基本分	实得分
素养	1. 增强 7S 管理观念,严格要求自己,在实训中培养良好的职业素养	2	
	2. 认真学习,不迟到,不早退,不无故缺课	3	
	3. 不在实训室内听音乐(MP3),不在实训室内玩手机(游戏)	3	
	4. 上课时不打瞌睡,不躺在实训室坐椅上睡觉	3	
	5. 不在实训室内高声喧哗,不在实训室内唱歌	2	
	6. 自己的零件做坏了,不调换别人的好零件	3	
	7. 按要求及时填写交接班记录及设备使用记录	2	
	8. 安全文明实训,爱护设备,爱护量具,不破坏公共卫生,不在墙壁上乱涂乱画	2	
节约	1. 各种表单使用不适宜,有乱写乱画现象	2	
	2. 手套、碎布、用具等分发不合理	3	
	3. 打扫卫生时,水资源有浪费现象	2	
	4. 设备、仪器、灯具、风扇、空调等人走未关	2	

附表Ⅱ 数控加工实训综合评分表

	内 容 项 目	引导文 （10%）	工艺文件 （10%）	零件质量 （600%）	7S 管理 （20%）	合 计
数控车床实训评分栏	项目一					
	项目二					
	项目三					
	项目四					
	项目五					
	项目六					
	项目七					
数控铣削实训评分栏	项目一					
	项目二					
	项目三					
	项目四					
	项目五					
五轴加工实训评分栏	项目一					
	项目二					
	项目三					
	项目四					
	项目五					

项目\内容		引导文（10％）	工艺文件（10％）	零件质量（600％）	7S 管理（20％）	合计
数控线切割实训评分栏	项目一					
	项目二					
	项目三					
	项目四					
数控电火花实训评分栏	项目一					
	项目二					
	项目三					
	项目四					
三坐标测量机实训评分栏	项目一					
	项目二					
	项目三					
	项目四					
总 成 绩						
批阅老师：				日 期：		

附表Ⅲ　数控加工实训总结及建议

1. 总结：

2. 建议：

参考文献

[1]魏同学,张立昌.数控加工实训.西安:西安交通大学出版社,2015.

[2]解存凡.使用普通机床加工零件学习指导书.西安:西安交通大学出版社,2013.

[3]胡绍军.数控机床零件加工实训指导书.北京:北京交通大学出版社,2011.